全国高级技工学校数控类专业教材

# 数控机床机械
# 装调与维修习题册

中国劳动社会保障出版社

## 简介

本习题册是全国高级技工学校数控类专业教材《数控机床机械装调与维修》的配套用书。本习题册紧扣教学要求，按照教材章节顺序编排，知识点分布均衡，题型丰富多样，难易配置适当，有助于学生复习巩固所学知识。

本习题册由韩鸿鸾、张玉东主编，荣志军、陶建海、丛志鹏、马述秀参编。

**图书在版编目(CIP)数据**

数控机床机械装调与维修习题册/韩鸿鸾主编. —北京：中国劳动社会保障出版社，2012
全国高级技工学校数控类专业教材
ISBN 978-7-5045-9559-1

Ⅰ.①数… Ⅱ.①韩… Ⅲ.①数控机床-设备安装-高等职业教育-习题集②数控机床-维修-高等职业教育-习题集 Ⅳ.①TG659-44

中国版本图书馆 CIP 数据核字(2012)第 021432 号

中国劳动社会保障出版社出版发行
（北京市惠新东街 1 号 邮政编码：100029）
出 版 人：张梦欣
*
三河市华骏印务包装有限公司印刷装订 新华书店经销
787 毫米×1092 毫米 16 开本 5 印张 119 千字
2012 年 3 月第 1 版 2024 年 5 月第 8 次印刷
定价：9.00 元
营销中心电话：400－606－6496
出版社网址：http://www.class.com.cn
http://jg.class.com.cn

# 目　录

# 第一章　数控机床概述

## 第一节　数控机床组成与分类

**一、填空题（请将正确答案填写在横线上）**

1. 数控系统是由________、________、可编程控制器、主轴驱动系统和________等部分组成的。

2. 检测装置对数控机床运动部件的位置及速度进行检测，通常安装在机床的______、______或________上。

3. 现代数控机床常采用移动硬盘、Flash（U盘）、______及其他________等控制介质。

4. 操作装置主要由________、________、机床控制面板（Machine Control Panel，MCP）、状态灯、________等部分组成。

5. NC键盘包括________及________等。

6. MDI键盘一般具有标准化的______、数字和______，主要用于零件程序的编辑、________、MDI操作及________等。

7. 软键功能键一般用于系统的________。

8. 数控机床按工艺用途分类，一般分为________和________两种。

**二、选择题（请将正确答案的代号填入括号内）**

1. 数控机床四轴三联动的含义是（　　）。
   A. 四个轴中只有三个轴可以运动
   B. 有四个控制轴，其中任意三个轴可以联动
   C. 数控系统能控制机床四轴运动，其中三个轴能联动

2. 加工中心与数控铣床的主要区别是（　　）。
   A. 数控系统复杂程度不同　　B. 机床精度不同
   C. 有无自动换刀系统

3. 数控机床的核心是（　　）。
   A. 伺服系统　　B. 数控系统　　C. 反馈系统　　D. 传动系统

4. 数控铣床的基本控制轴数是（　　）个。
   A. 1　　B. 2　　C. 3　　D. 4

**三、判断题（正确的画“√”，错误的画“×”）**

1. 数控铣床可以进行自动换刀。（　　）

2. 计算机数控系统的核心是计算机。（　　）

3. 使用带有刀库和自动换刀装置的加工中心时，工件往往只需进行一次装夹就可完成所有的加工工序，减少了半成品的周转时间，生产效率非常高。（　　）

4. 数控机床加工质量稳定，增加了检验时间。（ ）

5. 工件在加工中心上经一次装夹后，几乎能完成全部工序的加工。（ ）

6. 数控机床的程序可以储存并重复使用。（ ）

7. 数控机床的控制系统是计算机数控系统。（ ）

8. 计算机数控系统的核心是存储器。（ ）

9. 数控铣床能够实现一次定位完成多工序的加工。（ ）

10. 多轴联动的数控机床是指其拥有的坐标轴数目。（ ）

11. 三坐标轴联动的数控机床可用于加工曲面零件。（ ）

12. 数控机床可分为两坐标数控机床、三坐标数控机床、四坐标数控机床和五面加工数控机床等。（ ）

13. 最常见的二轴半联动数控铣床实际上就是一台三轴联动的数控铣床。（ ）

14. 数控机床操作面板上有倍率修调开关，操作人员加工时可随意调节主轴或进给倍率。（ ）

15. 不同的数控机床可能选用不同的数控系统，但数控加工程序指令都是相同的。（ ）

16. 数控机床自动化程度高，可以降低对操作人员的要求。（ ）

17. 在数控机床加工过程中，可以根据需要改变主轴速度和进给速度。（ ）

18. 数控机床的整个加工过程由数控程序自动完成。（ ）

19. 在数控机床加工过程中需要人工频繁干预，进行薄弱环节的人为补偿。（ ）

20. 数控机床在结构上的要求比普通机床低。（ ）

## 四、简答题

1. 简述数控机床的分类。

2. 数控机床由哪几部分组成？

## 第二节　数控机床机械结构概述

**一、填空题（请将正确答案填写在横线上）**

1. 数控机床在结构设计上要尽可能提高其静刚度和动刚度，提高其____________的灵敏度，提高其________保持性，同时保证具有高__________和高工作__________等，以提高其加工精度。

2. 数控机床具有高的运动精度、定位精度和自动化性能，其机械结构的特点主要表现在以下几个方面：__________、____________、____________、热变形小、高精度保持性、高可靠性、模块化和机电一体化。

3. 数控机床为了满足高效率和高自动化要求，采用了自动换刀、自动对刀、自动变速、刀库（加工中心）、自动排屑、______________、____________等装置。

4. 带有刀库和动力刀具、$C$ 轴控制的数控车床通常称为____________。

5. 在车削中心上除进行车削工序外，还可以进行________、________铣削、________、__________等，使工序高度集中。

6. 数控车床的机械结构系统包括________________、________________、刀架、床身、辅助装置等部分。

7. 数控车床的床身和导轨布局主要有___________、___________、平床身斜滑板、立床身和________________五种。

8. 数控铣床是一种用途广泛的机床，分为________、________和______________三种。

**二、选择题（请将正确答案的代号填入括号内）**

1. 数控机床一般具有较好的安全防护、自动排屑、自动冷却和（　　）等装置。

A. 自动润滑　　B. 自动测量　　C. 自动装卸工件　　D. 自动交换工作台

2. 数控机床的主机（机械部件）包括床身、主轴箱、刀架、尾座和（　　）。

A. 进给机构　　B. 液压系统　　C. 冷却系统

3. 为了提高数控机床的运动精度、（　　）和其精度的稳定性，采用了比普通机床多的防护措施。

A. 加工精度　　B. 定位精度　　C. 表面精度

4. 数控机床在自动或半自动条件下工作，尤其是在柔性制造系统（FMS）中的数控机床，可在 24 h 运转中实现无人管理，这就要求机床具有（　　）。

A. 高精度保持性　　B. 高可靠性

C. 高灵敏度　　D. 高抗振性

5. （　　）设计思想的灵活机床配置，使用户在数控机床的功能、规格方面有了更多的选择余地，做到既能满足用户的加工要求，又尽可能不为多余的功能承担额外费用。

A. 机电一体化　　B. 自动化　　C. 模块化

6. 加工中心与数控铣床的区别在于，它能在一台机床上完成由多台机床才能完成的工作，具有（　　）装置。

A. 自动对刀　　B. 自动测量　　C. 自动换刀

7. 导轨倾斜角为（　　）的斜床身通常称为立式床身。

A. 60°　　　　　　B. 75°　　　　　　C. 90°

**三、判断题（正确的画“√”，错误的画“×”）**

1. 数控机床具有集机、电、液于一体的特点，因此，只要掌握机械、电子或液压技术的人员，就可作为机床维护人员。（　　）

2. 数控机床和普通机床一样，都是通过刀具切削完成对零件毛坯的加工，因此两者的工艺路线是相同的。（　　）

3. 数控机床是在普通机床的基础上将普通电气装置更换成 CNC 控制装置。（　　）

4. 用数显技术改造后的机床就是数控机床。（　　）

5. 数控机床可进行误差的自动补偿，所以受力和受热变形不影响其加工精度。（　　）

6. 采用高刚度轴承并适当预紧，可提高主轴刚度。（　　）

7. 提高数控机床静刚度的措施主要有基础大件采用封闭整体箱形结构、合理布置加强肋和提高部件之间的接触刚度。（　　）

8. 刚性滑动导轨摩擦力小，能减少数控机床运动部件低速运动时的爬行现象。（　　）

9. 为防止数控机床主轴受热变形影响机床精度，可对热源进行强制冷却。（　　）

10. 车削中心不能完成铣削工作。（　　）

11. 工序分散是加工中心的主要特点。（　　）

12. 数控车床的床身和导轨的布局与普通车床完全一样。（　　）

13. 平床身数控车床的工艺性好，导轨面容易加工，减小了机床宽度方向的结构尺寸。（　　）

14. 斜床身数控车床观察角度好，排屑性能好。（　　）

15. 中型数控车床多采用倾斜 45°的斜床身。（　　）

16. 立床身的排屑性能最好，且立床身机床工件质量所产生的变形方向正好沿着垂直运动方向，对精度影响最小。（　　）

17. 数控车床四方回转刀架的回转轴平行于主轴。（　　）

18. 三坐标数控铣床能加工叶片类立体曲面零件。（　　）

19. 在加工中心上对工件进行一次装夹后能完成所有表面的加工。（　　）

**四、简答题**

1. 数控机床机械结构的特点有哪些？

2. 简述数控机床机械结构的组成。

# 第二章　数控机床管理及维修基础

## 第一节　数控机床管理

**一、填空题（请将正确答案填写在横线上）**

1. 数控机床管理工作的任务概括为“三好”，即________、________、________。

2. 数控机床操作工必须严格按照“数控机床操作维护规程”“____________”“____________”的规定正确使用与精心维护设备。

3. 维护及使用数控机床的“四项要求”是________、________、________、________。

4. 数控机床操作工“四会”基本功的具体内容是__________、__________、__________、______________。

5. 操作工必须管好自己使用的机床，未经上级批准，不准他人使用，杜绝______操作现象。

6. 操作工必须严格遵守________________，不超负荷使用及采取不文明的操作方法，认真进行日常保养，使数控机床保持________、________、________、________。

**二、选择题（请将正确答案的代号填入括号内）**

1. 发生设备事故时应（　　），保护现场，及时向生产工长和车间机械员报告，听候处理。

A. 立即离开现场　　B. 立即切断电源　　C. 立即动手维修

2. 正确、合理地（　　）数控机床是数控机床管理工作的重要环节。

A. 维修　　B. 使用　　C. 管理　　D. 保养

3. 在数控机床工作过程中，当发生任何危险现象需要紧急处理时，应启动（　　）。

A. 程序停止功能　　B. 暂停功能　　C. 紧急停止功能

4. 新工人进厂必须进行三级安全教育，即（　　）教育。

A. 厂级、车间、个人　　B. 车间、班组、个人

C. 厂级、车间、班组　　D. 厂级、车间、师傅

**三、判断题（正确的画“√”，错误的画“×”）**

1. 如交接不清，设备在接班后发生问题，应由交班人负责。（　　）

2. 正确、合理地维修数控机床是数控机床管理工作的重要环节。（　　）

3. 合理地使用、维护、保养和及时地检修数控机床，是保持其良好的技术状态、充分发挥其效率及增加生产量的前提。（　　）

4. 为了正确、合理地使用数控机床，操作工在独立使用设备前，必须经过对数控机床应用、必要的基本知识和技术理论及操作技能的培训，并且在熟练技师的指导下进行实际上机训练，达到一定的熟练程度。（　　）

5. 会操作机床的工人都可以使用数控机床。（　　）

6. 经考试合格取得操作多种数控机床操作证的工人可操作多种数控机床。（　　）

7. 接班人如发现异常或情况不明，记录不清时可继续生产。（　　）

8. 有安全门的加工中心在安全门打开的情况下也能进行加工。（　　）

9. 安全管理是指综合考虑“物”的生产管理功能和“人”的管理，目的是生产更好的产品。（　　）

10. 对技术熟练并掌握多种普通机床操作技术的工人，可签发操作多种数控机床操作证。（　　）

**四、简答题**

简述数控机床操作工的“五项纪律”。

## 第二节　数控机床保养制度

**一、填空题（请将正确答案填写在横线上）**

1. 数控机床要日常________，认真记录。做到________正确润滑设备；________注意运转情况；________清扫及擦拭设备，保持清洁，涂油防锈。

2. 数控机床如长期不用时，最重要的日常维护工作是________。

3. 为减少数控机床的维修时间，“______”与“______”的结合是解决“使用难、维修难”问题的唯一途径。

4. 数控机床的保养分为______级保养、______级保养、______级保养。

5. 一级保养就是每天的日常保养。日常保养包括________、________和________所做的保养工作。

6. 二级保养就是___________的保养，一般在________或________进行。做二级保养前要完成________保养的内容。

7. 三级保养通常__________或________进行一次。

8. ________的内容主要包括清洗、除尘、防腐及调整等工作，应配备必要的测量仪表与工具。

9. 一般来说，________的主要目的在于为数控机床创造良好的工作条件。

**二、选择题（请将正确答案的代号填入括号内）**

1. 数控机床每天开机通电后，应首先检查（　　）。

A. 液压系统　　B. 润滑系统　　C. 冷却系统

2. 数控机床使用条件中最重要的是（　　）。

A. 电源　　B. 温度　　C. 基础

## 三、判断题（正确的画“√”，错误的画“×”）

1. 通过保养作业并不能消除数控机床的磨耗损坏，不具有恢复数控机床原有效能的职能。（ ）

2. 检查、清洗主轴内锥孔表面，调整主轴间隙，要求内锥孔表面光滑、无毛刺，并且间隙适宜是数控机床二级保养的内容。（ ）

3. 有的数控系统的参数是依靠电池维持的，一旦电池电压出现报警，就必须立即关机，更换电池。（ ）

4. 数控机床使用较长时间后应定期检查机械间隙。（ ）

5. 正确使用数控机床能防止设备非正常磨损，延缓劣化进程，及时发现和消除隐患。（ ）

6. 数控系统存储器电池的更换应在断电状态下进行。（ ）

7. 通常机床空运行 3 min 以上，可使机床达到热平衡状态。（ ）

## 四、简答题

1. 试举例说明班前保养的内容。

2. 试举例说明班中保养的内容。

3. 试举例说明班后保养的内容。

4. 数控机床二级保养和三级保养有哪些异同点？试举例说明。

## 第三节 数控机床故障诊断

**一、填空题（请将正确答案填写在横线上）**

1. 数控机床故障是指数控机床丧失了规定功能，它包括__________、__________和__________等方面的故障。

2. 按数控机床故障产生时有无破坏性分类，可分为________故障和__________故障。

3. 按数控机床故障发生的原因分类，可分为数控机床______故障和数控机床______故障。

4. 按数控机床故障产生时有无自诊断显示分类，可分为____________故障和有报警显示故障。其中，有报警显示故障又分为____________故障和____________故障。

5. 直观诊断技术是指利用维修人员的__________对机床进行_____、看、_____、_____、嗅等诊断。

6. ____________是在系统内安装了备用模块，并在 CNC 系统的软件中装有____________。

7. 专家故障诊断系统的核心部分是________和________。

8. 诊断技术的三个基本环节是_________、诊断故障状态和部位、___________。

**二、选择题（请将正确答案的代号填入括号内）**

1. 由于数控系统具有自诊断功能，一旦检测到故障，即按故障级别进行处理，同时在 CRT 上以报警号形式显示该故障信息，这类故障是指（　　）。

A. 硬件报警显示故障　　B. 软件报警显示故障
C. 随机故障

2. （　　）是指数控机床在使用寿命范围内，每次从出现故障开始维修，直至能正常工作所用的平均时间，它越短越好。

A. 平均无故障时间　　B. 有效度
C. 平均修复时间

3. 只要满足某一特定条件，机床或数控系统就必然出现的故障是（　　）。

A. 随机故障　　B. 系统性故障　　C. 破坏性故障　　D. 自身故障

4. 由于设计或制造不当造成机械系统中存在某些薄弱环节而引发的故障是（　　）。

A. 磨损性故障　　B. 错用性故障　　C. 先天性故障

5. （　　）阶段的运动表面工作在耐磨层，而且相互贴合，接触面积增大，单位接触面上的应力减小，因而磨损增加缓慢，可以持续很长时间。

A. 初期磨损　　B. 稳定磨损　　C. 急剧磨损

6. 经常停置不用的机床，过了梅雨季节，一开机易发生故障，主要是由于（　　）作用导致器件损坏。

A. 物理　　B. 光合　　C. 化学　　D. 机械

7. 通常机床空运行（　　）min 以上，可使机床达到热平衡状态。

A. 3　　B. 10　　C. 15　　D. 30

8. 数控系统的报警大体可分为操作报警、程序错误报警、驱动报警及系统错误报警，某程序在运行过程中出现圆弧端点错误，这属于（　　）。

A. 程序错误报警　　B. 操作报警　　C. 驱动报警　　D. 系统错误报警

9. 某程序在运行过程中，数控系统出现“软限位开关超程”报警，这属于（　　）。

A. 程序错误报警　　B. 操作报警　　C. 驱动报警　　D. 系统错误报警

10. 绝大部分数控系统都装有电池，它的作用是（　　）。

A. 给系统的 CPU 运算提供能量

B. 当系统断电时，用它储存的能量来保持 RAM 中的数据

C. 为检测元件提供能量

D. 突然断电时，为数控机床提供能量，使机床能暂时运行几分钟，以便退出刀具

**三、判断题（正确的画“√”，错误的画“×”）**

1. 一般来说，维修的主要目的在于为数控机床创造良好的工作条件。（　　）

2. 要想人为地使数控机床再次出现同样的故障是不太容易的，有时很长时间也难遇到一次，这属于系统性故障。（　　）

3. 只要满足某一特定条件，机床或数控系统就必然出现的故障是随机故障。（　　）

4. 安全性故障会对人身、生产和环境造成危险或危害。（　　）

5. 随机故障的发生比较有规律。（　　）

6. 随机故障是由于数控机床自身原因引起的，与外部使用环境无关。（　　）

7. 在数控机床的初期磨损阶段，其摩擦表面的凸峰、氧化皮、脱碳层很快会被磨去，使摩擦表面更加贴合，对机床有益。（　　）

8. 软件报警显示通常是指各单元装置上的报警灯（一般由 LED 发光管或小型指示灯组成）的指示。（　　）

**四、简答题**

1. 简述机械故障的概念、分类及故障诊断基本步骤。

2. 数控机床故障产生的规律有哪些?

3. 简述数控机床机械故障的分类和特点。

4. 简述数控机床机械故障诊断步骤和方法。

5. 什么是远程故障诊断？什么是自诊断系统？什么是专家诊断系统？

## 第四节　数控机床维修

**一、填空题（请将正确答案填写在横线上）**

1. 通常将________划分为三种，即大修、中修、小修。

2. 数控机床常见的修理方法有______________、______________、______________。

3. 数控机床的维修制度有____________、____________、____________。

4. ________是指为保证在用数控机床正常、安全地运行，以相同的新的零部件取代旧的零部件或对旧的零部件进行加工、修配的操作，这些操作不应改变数控机床的特性。

5. 数控机床维修人员所必要的技术资料与技术准备包括________________、____________________、____________、机床部分和其他部分的资料。

**二、选择题（请将正确答案的代号填入括号内）**

1. 数控机床的维修原则是（　　）。

A. 先动后静　　　　B. 先外后内　　　　C. 先电后机

2. 根据数控机床磨损的规律，（　　）是数控机床检修工作的正确方针。

A. 随坏随修　　　　B. 预防为主，养修结合

C. 计划维修

3. (　　) 是指为保证在用数控机床正常、安全地运行，以相同的新的零部件取代旧的零部件或对旧的零部件进行加工、修配的操作，这些操作不应改变数控机床的特性。

A. TPM　　B. Behavior-Based　　C. Repair

**三、判断题（正确的画"√"，错误的画"×"）**

1. 修好数控机床，要贯彻"预防为主，养为基础"的原则。(　　)

2. 为减少数控机床的维修时间，"防"与"治"的结合是解决"使用难、维修难"问题的唯一途径。(　　)

3. 建立专业维修组织和进行维修协作可降低企业的设备维修成本。(　　)

4. "预防为主，养修结合"是数控机床检修工作的正确方针。(　　)

5. 检查及修理机床电气设备时，必须挂停电警告牌，并设专人监护，停电警告牌必须谁挂谁取，非工作人员严禁合闸。(　　)

6. 若数控装置内落入灰尘或金属粉末，则容易造成元器件间绝缘电阻下降，从而导致故障出现和元件损坏。(　　)

7. 大修的主要目的在于更换易损零件，排除故障，调整精度，可能产生局部不太复杂的拆卸工作，在现场就地进行，以保证数控机床能够正常运转。(　　)

8. 换件修理法是指数控机床的各个独立部分不是一次同时修理，而是分若干次，每次修其中某一部分，依次进行。(　　)

9. 大修时需将数控机床全部解体。(　　)

10. 小修的主要目的在于更换易损零件，排除故障，调整精度。(　　)

**四、简答题**

1. 数控机床维修的原则有哪些？

2. 简述数控机床大修的内容。

3. 简述数控机床小修的内容。

## 第五节　常用工具与仪器

**一、填空题（请将正确答案填写在横线上）**

1. 单头钩形扳手分为________和________，可用于扳动在圆周方向上________或______的圆螺母。

2. 弹性锤子可分为________和________。

3. 检验棒可分为________________、____________、____________。

4. 比较仪可分为____________和________________。

5. 水平仪按其工作原理可分为____________和____________。

6. 水准式水平仪有____________、____________和____________三种结构形式。

7. 红外测温仪按红外线辐射的不同响应形式，分为____________和____________两类。

8. 三坐标测量仪通过______、______、______三个轴测量各种零部件及总成的各个点和元素的空间坐标。

9. 激光干涉仪可对机床、__________及各种定位装置进行高精度的（形状和位置）精度________。

**二、选择题（请将正确答案的代号填入括号内）**

1. （　　）是振动检测中最常用、最基本的仪器。

A. 激光干涉仪　　B. 三坐标测量仪　　C. 红外测温仪　　D. 测振仪

2. （　　）利用红外线辐射原理，将对物体表面温度的测量转换成对其辐射功率的测量。

A. 激光干涉仪　　B. 三坐标测量仪　　C. 红外测温仪　　D. 测振仪

3. （　　）是通过 $X$、$Y$、$Z$ 三个轴测量各种零部件及总成的各个点和元素的空间坐标，来评价长度、直径、形状误差及位置误差的一种测量设备。

A. 激光干涉仪　　B. 三坐标测量仪　　C. 红外测温仪　　D. 测振仪

4. （　　）可对机床、三测机及各种定位装置进行高精度的（形状和位置）精度校正。

A. 激光干涉仪　　B. 三坐标测量仪　　C. 红外测温仪　　D. 测振仪

**三、判断题（正确的画“√”，错误的画“×”）**

1. 杠杆千分尺的测量精度可达 0.001 mm。（　　）

2. 万能角度尺按其尺身形状可分为圆形（Ⅱ型）和扇形（Ⅰ型）两种。（　　）

3. 测振仪一般做成便携式和笔式。（　　）

4. 红外测温仪用于检测数控机床容易发热的部件，如功率模块、导线接点、主轴轴承等。（　　）

5. 三坐标测量仪是通过 $A$、$B$、$C$ 三个轴测量各种零部件及总成的各个点和元素的空间坐标，来评价长度、直径、形状误差及位置误差的一种测量设备。（　　）

6. 激光干涉仪用于机床精度的检测及长度、角度、直线度等的测量。（　　）

7. 生产型三坐标测量仪除用于零件的测量外，还可进行轻型加工。（　　）

## 四、简答题

1. 简述测振仪的应用。

2. 试举例说明三坐标测量仪的应用。

3. 简述光学平直仪的应用。

4. 常用的水平仪有哪几种？各有什么用途？

5. 激光干涉仪有什么用途？试举例说明。

# 第三章　主传动系统装调与维修

## 第一节　主传动系统概述

**一、填空题（请将正确答案填写在横线上）**

1. ________是应用电磁效应接通或切断运动的元件，由于它便于实现自动操作，并有现成的系列产品可供选用，因而它已成为自动装置中常用的操纵元件。

2. 数控机床的高速主轴单元包括________、________、________和机架等几个部分。

3. 主轴部件是机床的一个关键部件，它包括________、安装在主轴上的________等。

4. 高速主轴单元包括________、________、________等类型。

5. 电主轴的润滑方式有________、________、________。

6. ________克服了梯形齿同步带的缺点，均化了应力，改善了啮合情况。因此，在加工中心上，无论是主传动还是伺服进给传动，当需要用带传动时，总是优先考虑采用。

7. 高速切削技术的发展采用了“________”和“________”等。

8. 分段无级变速方式包括________、通过带传动的主传动、用两台电动机分别驱动主轴、________等形式。

9. 多联V带又称________V带，有________和________两种，其横截面呈楔形，楔角为________。

10. 数控机床上常用的多楔带有________（齿距为2.4 mm）、L形（齿距为________）、________（齿距为9.5 mm）三种规格。

11. 齿形带又称________带，根据齿形不同又可分为________和________。

12. 加工中心上常用节距为________mm或________mm的圆弧齿形带，其型号为________或________。

**二、选择题（请将正确答案的代号填入括号内）**

1. 在带有齿轮传动的主传动系统中，齿轮的换挡主要靠（　　）拨叉来完成。

A. 气动　　B. 液压　　C. 电动

2. 为了实现带传动的准确定位，常用多楔带和（　　）。

A. 齿形带　　B. V带

C. 平带　　D. 多联V带

3. 电主轴是精密部件，在高速运转情况下，任何（　　）进入主轴轴承都可能引起振动，甚至使主轴轴承咬死。

A. 微尘　　　　　　　B. 油气　　　　　　　C. 杂质

4. 多楔带运转时振动小、发热少、运转平稳、质量轻，因此，常在（　　）m/s 的线速度下使用。

A. 40　　　　　　　B. 50　　　　　　　C. 60

5. 多楔带与带轮接触好，负载分配均匀，即使瞬时超载，也不会产生打滑，而传动功率比 V 带大（　　）。

A. 15%～25%　　　　B. 20%～30%　　　　C. 25%～30%

6.（　　）具有带传动和链传动的优点，与一般带传动相比，它不会打滑，且不需要很大的张紧力，减小或消除了轴的静态径向力；传动效率高达 98%～99.5%；可用于 60～80 m/s 的高速传动。

A. 多楔带　　　　　B. V 带　　　　　C. 同步齿形带

7. 为了保证数控机床能满足不同的工艺要求，并且能够获得最佳切削速度，对于主传动系统的要求是（　　）。

A. 无级调速　　　　　　　　　　B. 变速范围宽

C. 分段无级变速　　　　　　　　D. 变速范围宽且能无级变速

8. 主轴采用带传动变速时，一般常用（　　）、同步齿形带。

A. V 带　　　　　　　　　　　　B. 多联 V 带

C. 平带　　　　　　　　　　　　D. O 带

9. 主轴采用（　　）变速时，其滑移齿轮的位移常用液压拨叉和电磁离合器两种方式进行控制。

A. 齿轮分段　　　　　　　　　　B. 液压涡轮

C. 变频器　　　　　　　　　　　D. 齿轮齿条

10. 数控机床主轴部件的回转精度影响工件的（　　）。

A. 加工精度　　　　B. 自动化程度　　　　C. 加工效率

11. 数控机床主轴部件功率的大小与回转精度影响（　　）。

A. 加工精度　　　　B. 自动化程度　　　　C. 加工效率

**三、判断题（正确的画“√”，错误的画“×”）**

1. 主轴轴承采用高性能润滑脂润滑，并严格控制注入量，能使主轴温升很低。（　　）

2. 采取机床机构故障诊断系统和自适应控制系统、优化切削用量等措施，有助于机床可靠地工作。（　　）

3. 交流主轴电动机没有电刷，不产生火花，使用寿命长。（　　）

4. 啮合式电磁离合器的优点是能在任何转速下变速。（　　）

5. 电主轴的转轴必须进行严格的动平衡。（　　）

6. 主轴轴承的轴向定位采用前端支撑定位。（　　）

7. 保证数控机床各运动部件间的良好润滑就能延长机床的使用寿命。（　　）

8. 对于一般数控机床和加工中心，由于采用了电动机无级变速，故简化了机械变速机构。（　　）

9. 高速电主轴轴壳的尺寸精度和位置精度直接影响主轴的综合精度。（　　）

10. 多联 V 带的横截面呈楔形，楔角为 29°。（　　）

## 四、简答题

1. 简述数控机床主传动系统的特点。

2. 简述电主轴的组成及维护方法。

3. 多楔带有哪几种？应用齿形带时应注意什么？

4. 试结合教材图 3—3 说明液压拨叉分段变速的工作原理。

5. 试结合教材图 3—4 说明电磁离合器分段变速的工作原理。

6. 试结合教材图 3—9 说明电主轴采用油气润滑的工作原理。

## 第二节　主轴部件装调与维修

**一、填空题（请将正确答案填写在横线上）**

1. 滚动轴承间隙的调整或预紧通过使轴承内圈、外圈相对于轴向移动来实现。常用的方法有________________、__________________和____________三种。

2. 卧式数控铣床/加工中心主轴箱的种类有__________和________________。

3. 主轴部件包括__________、主轴头、____________、轴承等，是机床的关键部件。

4. 液体静压轴承装置主要由____________、节流器和_______三部分组成。

5. 主轴的接触式密封主要有__________密封和__________________密封。

6. 在数控机床上最常使用的滑动轴承是________________。

**二、选择题（请将正确答案的代号填入括号内）**

1. HSK 型高速刀柄的锥度为（　　）。

A. 1∶10　　B. 1∶50　　C. 7∶24

2. 在数控车床上车螺纹时，利用（　　）作为车刀进刀点和退刀点的控制信号，以保证车削螺纹时不会乱牙。

A. 同步脉冲　　B. 异步脉冲　　C. 位置开关

3. （　　）更换一次主轴润滑恒温油箱中的润滑油，并清洗过滤器。

A. 每周　　B. 每月　　C. 每年

4. 数控机床主轴部件的主要作用是带动刀具或工件（　　）。

A. 移动，以实现进给运动　　B. 转动，以实现切削运动

C. 转动，以实现进给运动

5. 数控机床主轴锥孔的锥度通常为 7∶24，之所以采用这种锥度是为了（　　）。

A. 靠摩擦力传递转矩　　B. 自锁

C. 定位和便于装卸刀柄　　D. 以上选项都正确

6. 在加工中心上，刀具必须装在标准的刀柄中，下面为标准刀柄的是（　　）。

A. 直柄　　B. 7∶24 锥柄　　C. 莫氏锥柄

7. 加工中心大多采用（　　）完成松刀动作。

A. 弹簧　　B. 气缸　　C. 液压　　D. 连杆机构

8. 数控机床普遍采用的（　　）支撑配置，后支撑采用成对安装的角接触球轴承。

A. 主轴　　B. $X$ 向滚珠丝杠　　C. $Y$ 向滚珠丝杠　　D. $Z$ 向滚珠丝杠

9. 数控机床普遍采用的主轴支撑配置，前支撑采用双列圆柱滚子轴承和（　　）角接触双列球轴承组合。

A. 30°　　B. 45°　　C. 60°　　D. 75°

10. 在数控铣床上进行手动换刀时最主要的注意事项是（　　）。

A. 对准键槽　　B. 擦干净连接锥柄

C. 调整好拉钉　　D. 不要拿错刀具

11. 数控车床用径向较大的夹具采用（　　）与车床主轴连接。

A. 锥柄　　B. 过渡盘　　C. 外圆　　D. 拉杆

12. 带传动是依靠（　　）来传递运动和动力的。

A. 带的张紧力　　B. 带的拉力

C. 带与带之间的摩擦力　　D. 带的弯曲力

13. 切削加工中若工件非均匀受热，其变形形式主要表现为（　　）。

A. 拉伸变形　　B. 弯曲变形　　C. 扭曲变形　　D. 变长

14. 加工中心的刀柄是靠（　　）夹紧的。

A. 弹簧力　　B. 气动拉力　　C. 液动拉力

**三、判断题（正确的画“√”，错误的画“×”）**

1. 轴承预紧就是使轴承滚道预先承受一定的载荷，不仅能消除间隙，而且能使滚动体与滚道之间发生一定的变形，从而使接触面积增大，轴承受力时变形减少，抵抗变形的能力增大。（　　）

2. 加工中心主轴的特有装置是主轴准停和自动换刀。（　　）

3. 加工中心主轴的特有装置是主轴准停和拉刀换刀。（　　）

4. 主轴上刀具松不开的原因之一可能是系统压力不足。（　　）

5. 车削中心必须配备动力刀架。（　　）

6. 脉冲编码器和绝对值脉冲编码器都是用来检测直线位移的位置检测器。（　　）

7. 换刀时发生掉刀的原因之一可能是刀具超过规定质量。（　　）

8. 主轴箱通常由钢板焊接而成，主要用于安装主轴零件、主轴电动机、主轴润滑系统等。（　　）

9. GT 刀柄的锥度为 1∶10。（　　）

**四、简答题**

1. 在主传动中光电脉冲发生器的作用是什么？

2. 加工中心主轴内的松刀、夹刀机构的工作原理是什么?

3. 主轴的润滑与密封方式分别有哪几种?

4. 数控机床主轴轴承配置有哪些类型? 各适用于什么场合?

5. 主轴轴承的预紧有哪几种方式?

6. 简述加工中心主轴箱的形式。

7. 简述数控机床主轴轴承三种配置方式的特点和适用场合。

8. 试结合教材图 3—36 说明数控车床主传动的工作原理。

9. 试结合教材图 3—37 说明光电脉冲发生器的工作原理。

10. 试结合教材图 3—38 说明数控车床卡盘的工作原理。

11. 试结合教材图 3—39 说明车削中心 $C$ 轴转动系统的工作原理。

12. 试结合教材图 3—44 说明数控铣床主传动的工作原理。

13. 试结合教材图 3—45 说明主轴刀具交换的工作原理。

14. 主轴箱噪声大的原因有哪些？主轴发热的原因有哪些？主轴在强力切削时停转的原因有哪些？

15. 试述数控机床开机后主轴不转动的故障原因及处理方法。

16. 试述用数控机床加工孔时表面粗糙度值太大的故障原因及处理方法。

## 第三节　主轴准停装置装调与维修

**一、填空题（请将正确答案填写在横线上）**

1. 数控机床主轴准停装置包括________________装置、________________装置和________________装置。

2. 数控机床主轴电气准停有____________________、____________________和________________三种形式。

3. 采用磁传感器主轴准停装置时，接收到数控系统发来的准停信号 ORT，主轴立即加速或减速至某一____________。主轴达到____________且________________时，主轴即减速至某一____________。之后，当磁传感器信号出现时，主轴驱动立即进入磁传感器作为反馈元件的闭环控制，目标位置即为____________。

4. 加工中心在换刀时必须实现____________。

5. 采用主轴准停方式时，其数控系统必须采用____________。

**二、选择题（请将正确答案的代号填入括号内）**

1. 主轴准停是指主轴能实现（　　）。

A. 准确的周向定位　　B. 准确的轴向定位

C. 精确的时间控制

2. 数控机床的准停功能主要用于（　　）。

A. 换刀和加工　　B. 退刀　　C. 换刀和退刀

3. 主轴准停装置常有（　　）方式。

A. 机械　　B. 液压　　C. 电气　　D. 气压

4. 主轴准停功能分为机械准停和电气准停，两者相比，机械准停（　　）。

A. 结构复杂　　B. 准停时间更短　　C. 可靠性增加　　D. 控制逻辑简化

5. 数控机床主轴部件自动变速、准停和换刀等影响机床（　　）。

A. 加工精度　　B. 自动化程度　　C. 加工效率

6. 高精度孔加工完成后，退刀时应采用（　　）。

A. 不停主轴退刀　　B. 主轴停后退刀　　C. 让刀后退刀

**三、判断题（正确的画“√”，错误的画“×”）**

1. 主轴轴承的轴向定位采用后端支撑定位。（　　）

2. 主轴准停的三种实现方式是机械式、磁感应开关式、编码器式。（　　）

3. 主轴准停的目的之一是便于减小孔系的尺寸分布误差。（　　）

4. 主轴准停的目的之一是镗孔后能够退刀。（　　）

5. 在 FANUC 系统中，G76 包括主轴准停功能。（　　）

6. 当执行 M19 时，数控系统只需发出准停信号 ORT，主轴驱动完成准停后会向数控系统回答完成信号 ORE。（　　）

7. 主轴转数由脉冲编码器监视，到达准停位置前先减慢速度，最后通过触点开关使主轴准停。（　　）

## 四、简答题

1. 主轴准停的含义是什么？主轴准停位置不准的原因有哪些？

2. 主轴准停方式有哪几种？

3. 如何对主轴准停装置进行维护？

4. 试结合教材图 3—53 说明磁传感器准停的工作原理。

5. 试结合教材图 3—62 和图 3—63 说明机械准停的工作原理。

## 第四节　主传动部件装调与维修

**一、填空题（请将正确答案填写在横线上）**

1. 主传动链出现不正常现象时，应立即________________。

2. 每天开机前检查机床的____________系统，发现油量过低时应____________。

3. 使用啮合式电磁离合器变速的主传动系统，离合器必须在低于________r/min 的转速下变速。

4. 注意保持主轴与刀柄连接部位及刀柄的________，防止________主轴的机械部分。

5. 使用液压拨叉变速的主传动系统，必须在____________后变速。

6. ________清理润滑油池底一次，并更换液压泵__________。

**二、选择题（请将正确答案的代号填入括号内）**

1. 每（　　）开机前检查机床的主轴润滑系统，发现油量过低时应及时加油。

A. 天　　B. 月　　C. 季　　D. 年

2. 使用液压拨叉变速的主传动系统，必须在主轴（　　）变速。

A. 低速时　　B. 停车后　　C. 高速时　　D. 任意情况下

3. 使用啮合式电磁离合器变速的主传动系统，离合器必须在低于（　　）r/min 的转速下变速。

A. 10～20　　B. 100～200　　C. 1～2　　D. 任意情况

4. 每（　　）更换一次主轴润滑恒温油箱中的润滑油，并清洗过滤器。

A. 天　　B. 月　　C. 季　　D. 年

5. 每（　　）清理润滑油池底一次，并更换液压泵滤油器。

A. 天　　B. 月　　C. 季　　D. 年

6. 每（　　）检查主轴润滑恒温油箱，使其油量充足，工作正常。

A. 天　　B. 月　　C. 季　　D. 年

**三、判断题（正确的画"√"，错误的画"×"）**

1. 定期检查、清洗润滑系统，添加或更换润滑脂、润滑油，使丝杠、导轨等运动部件保持良好的润滑状态，目的是降低机械的磨损速度。（　　）

2. 使用液压拨叉变速的主传动系统，必须在主轴停车后变速。（　　）

3. 在加工中心主轴中，碟形弹簧张闭伸缩量不会影响刀具的夹紧。（　　）

4. 每周清理润滑油池底一次，并更换液压泵滤油器。（　　）

5. 每年更换一次主轴润滑恒温油箱中的润滑油，并清洗过滤器。（　　）

**四、简答题**

1. 简述主轴在强力切削时停转的原因。

2. 数控车床在进行主轴变速时齿轮损坏的原因有哪些？

3. 试结合教材图 3—60 说明数控车床主轴部件的装配过程。

4. 试结合教材图 3—61 说明数控铣床主轴部件的装配过程。

## 第五节　主传动系统平衡补偿

**一、填空题（请将正确答案填写在横线上）**

1. 滑枕的自重挠曲变形是采用__________的加工方法来实现补偿的。

2. 用液压系统平衡主轴箱质量的平衡系统，需定期观察液压系统的__________，当油压低于要求值时，应进行________。

3. 主轴精度除了由本身特性决定以外，还受滑枕的____________、________和位移的影响。

4. 在滑枕形式的铣镗床主轴箱部件中，滑枕移动部分的质量占整个主轴箱部件质量的________左右，而在主轴箱移动式铣镗床中，滑枕移动部分的质量占整个主轴箱部件质量的__________。

**二、选择题（请将正确答案的代号填入括号内）**

1. 在滑枕形式的铣镗床主轴箱部件中，滑枕移动部分的质量占整个主轴箱部件质量的（　　）左右。

A. 80%　　B. 70%　　C. 60%　　D. 35%

2. 在主轴箱移动式铣镗床中，滑枕移动部分的质量占整个主轴箱部件质量的（　　）。

A. 80%　　B. 70%　　C. 60%　　D. 35%

3. 滑枕的自重挠曲变形是采用（　　）来实现补偿的。

A. 预变形的加工方法　　B. 液压

C. 气压　　D. 重力

**三、判断题（正确的画"√"，错误的画"×"）**

1. 为保证主轴箱体在滑枕移动时位置不变或少变，一般应采取平衡措施。（　　）

2. 平衡锤的质量一般为主轴箱部件质量的60%。（　　）

**四、简答题**

1. 为什么要对主轴箱进行平衡补偿?

2. 主传动系统平衡补偿常采取的措施有哪几种?

3. 试结合教材图3—79说明数控机床平衡机构的工作原理。

# 第四章　进给传动系统装调与维修

## 第一节　进给传动系统概述

**一、填空题（请将正确答案填写在横线上）**

1. 轮廓控制系统必须对进给运动的________和运动的________同时实现自动控制。

2. 一个典型的数控机床闭环控制的进给系统，通常由____________、____________、____________、________________和________________等几部分组成，而其中的________________是位置控制环中的一个重要环节。

3. 联轴器的类型繁多，有__________、__________和__________等。

4. 凸缘式联轴器是把两个带有________的半联轴器分别与________连接，然后用螺栓把两个半联轴器连成一体，以____________和________。

5. 刚性联轴器目前主要采用________________的连接方法，而且大多数进给电动机轴上都备有________。

6. ________检查并及时对加工中心各轴行程开关进行________，保持其灵敏度。

**二、选择题（请将正确答案的代号填入括号内）**

1. 运动部件的（　　）对伺服机构的启动和制动特性都有影响，尤其是处于高速运转的零、部件。

A. 摩擦力　　B. 惯量　　C. 调速范围

2. 在多坐标联动的数控机床上，（　　）维持常数，是保证表面粗糙度要求的重要条件。

A. 切削速度　　B. 加工速度　　C. 合成速度

3. 数控机床的工作进给速度调整范围比是（　　）。

A. 1∶1 000　　B. 1∶2 000　　C. 1∶3 000

4. 套筒联轴器由连接两轴轴端的套筒和连接套筒与轴的连接件（键或销钉）组成，一般来说，当轴端直径 $d>80$ mm 时，可用强度较高的（　　）制造。

A. 45 钢　　B. Q235 钢　　C. 铸铁

5. 套筒联轴器的外径 $D$ 近似等于孔径的（　　）。

A. $1.2d$　　B. $1.5d$　　C. $2d$

6. 由于利用了锥环的胀紧原理，（　　）可以较好地实现无键、无隙连接，是一种安全的联轴器。

A. 挠性联轴器　　B. 凸缘式联轴器　　C. 安全联轴器

7. （　　）的作用是在进给过程中，当进给力过大或滑板移动过载时，为了避免整个运动传动机构的零件损坏，使其动作，终止运动的传递。

A. 挠性联轴器　　B. 凸缘式联轴器　　C. 安全联轴器

8. 电动机和滚珠丝杠连接用的（　　）松动或本身有缺陷（如裂纹等），会造成滚珠丝杠的转动与伺服电动机的转动不同步，从而导致进给运动忽快忽慢，产生爬行现象。

A. 套筒　　B. 键　　C. 联轴器

9. 在数控设备的进给驱动系统中，考虑到惯量、转矩或脉冲当量的要求，有时要在电动机与丝杠之间加入（　　），而其间存在的间隙，会使进给运动反向滞后于指令信号，造成反向死区，从而影响其传动精度和系统稳定性。

A. 联轴器　　B. 套筒　　C. 齿轮传动副

10. 用（　　）调整间隙，在齿轮传动时，由于正向和反向旋转分别只有一片齿轮承受转矩，因此，承载能力受到限制，并且弹簧的拉力要足以能克服最大转矩，否则起不到消隙作用。

A. 双片齿轮错齿法　　B. 锥度齿轮调整法

C. 偏心套调整法

11. 在数控机床的进给传动系统中，通常采用（　　）来连接两轴（伺服或步进电动机的轴与滚珠丝杠）的旋转运动。

A. 齿轮　　B. 铰链

C. 无间隙传动联轴器　　D. 键槽

12. 数控机床进给系统减小摩擦阻力和动静摩擦之差，是为了提高数控机床进给系统的（　　）。

A. 传动精度　　B. 运动精度和刚度

C. 快速响应性能和运动精度　　D. 传动精度和刚度

13. 关于减小数控机床进给运动系统中运动件的摩擦阻力的主要目的，下列叙述不正确的是（　　）。

A. 提高系统响应性能　　B. 提高运动精度

C. 减少爬行现象　　D. 提高系统稳定性

14. 常见的由于机械安装、调试及操作使用不当等原因引起的故障有（　　）。

A. 联轴器松动　　B. 机械传动故障

C. 导轨运动摩擦过大

15. 下列关于进给驱动装置的描述，不正确的是（　　）。

A. 进给驱动装置是数控系统的执行部分

B. 进给驱动装置的功能是接收加工信息，发出相应的脉冲

C. 进给驱动装置的性能决定了数控机床的精度

D. 进给驱动装置的性能是决定数控机床快速性的因素之一

## 三、判断题（正确的画“√”，错误的画“×”）

1. 数控机床的进给传动系统常用齿轮箱进给系统来工作。（　　）

2. 联轴器是伺服电动机与丝杠之间的支撑元件。（　　）

3. 伺服电动机是工作台移动的动力元件。（　　）

4. 为了提高数控机床进给系统的快速响应性能和运动精度，必须减小运动件的运动惯量。（　　）

5. 在满足部件强度和刚度的前提下，尽可能减小运动部件的质量、减小旋转零件的直

径和质量，以减小运动部件的摩擦力。 ( )

6. 加工精度是数控机床最重要，也是最具该类机床特征的指标，无论是对点位、直线控制来说，还是对轮廓控制来说，该项精度都很重要。 ( )

7. 稳定性是伺服进给系统能够正常工作的最基本的条件，特别是在低速进给情况下不产生爬行现象，并能适应外加负载的变化而不发生共振。 ( )

8. 联轴器是用来连接进给机构的两根轴，使其一起回转，以消除反向间隙的一种装置。 ( )

9. 机床许用的最大进给力取决于锥环的胀紧力。 ( )

10. 安全联轴器与电动机轴、滚珠丝杠相连时，采用了无键锥环连接方式。 ( )

11. 斜齿圆柱齿轮传动副结构装配好后齿侧间隙自动消除，可始终保持无间隙啮合，是一种常用的无间隙齿轮传动结构。 ( )

12. 直齿圆柱齿轮常用改变中心距和错齿的方法来消除侧面间隙。 ( )

13. 常用的位移执行机构有步进电动机、直流伺服电动机和交流伺服电动机。 ( )

14. 伺服系统的执行机构常采用直流伺服电动机或交流伺服电动机。 ( )

**四、简答题**

1. 简述数控机床对进给传动系统的要求。

2. 数控机床中电动机与丝杠常用的连接方式有哪几种？

3. 简述联轴器的维护方法。

4. 简述数控机床中直齿圆柱齿轮副的维护方法。

5. 简述齿轮副噪声控制的方法。

6. 什么是齿侧间隙刚性调整法？什么是齿侧间隙柔性调整法？

7. 试结合教材图 4—6 说明纵向滑板的传动原理，并说明安全联轴器的作用。

## 第二节　典型进给传动装置

**一、填空题（请将正确答案填写在横线上）**

1. 丝杠螺母副的作用是________与________相互转换。

2. 常用的双螺母丝杠消除间隙的方法有________、________和________三种。

3. 滚珠丝杠副常采用的防护套有________、________和________三种。

4. 滚珠丝杠螺母副是一种在丝杠与螺母之间装有________作为中间元件的丝杠副，有________和________两种。

5. 静压丝杠螺母副是在丝杠与螺母的螺纹间维持一定厚度，且有一定刚度的压力________。

6. 若电动机与丝杠联轴器松动，则滚珠丝杠副产生________。

**二、选择题（请将正确答案的代号填入括号内）**

1. 滚珠丝杠副的传动效率 $\eta$=0.92～0.96，比常规丝杠螺母副提高 3～4 倍。因此，功率消耗只相当于常规丝杠螺母副的（　　）。

A. 1/3～1/2　　B. 1/4～1/2　　C. 1/4～1/3

2. 滚珠丝杠副具有可逆性，可以从旋转运动转换为直线运动，也可以从直线运动转换为旋转运动，即丝杠和螺母都可以作为（　　）。

A. 主动件　　B. 从动件　　C. 主运动

3. 滚珠丝杠螺母副消除间隙的方法常采用双螺母结构，利用两个螺母的相对轴向位移，使两个滚珠螺母中的滚珠分别贴紧在螺旋滚道两个相反的侧面上，预紧力要小于最大轴向载荷（　　）。

A. 1/2　　B. 1/3　　C. 1/4

4. 滚珠丝杠副所用润滑脂的给脂量一般为螺母内部空间容积的（　　）。

A. 1/2　　B. 1/3　　C. 1/4

5. 滚珠丝杠副的正常工作环境温度范围为（　　）℃。

A. ±30　　B. ±45　　C. ±60

6. 静压丝杠的摩擦因数小，仅为（　　）。

A. 0.000 5　　B. 0.001 5　　C. 0.005

7. 数控机床中将伺服电动机的旋转运动转换为溜板或工作台的直线运动的装置一般是（　　）。

A. 滚珠丝杠螺母副　　B. 差动螺母副　　C. 连杆机构　　D. 齿轮副

8. 数控机床进给机构采用的丝杠螺母副是（　　）。

A. 双螺母丝杠螺母副　　B. 梯形丝杠螺母副

C. 滚珠丝杠螺母副

9. 滚珠丝杠螺母副由丝杠、螺母、滚珠和（　　）组成。

A. 消隙器　　B. 补偿器　　C. 反向器　　D. 插补器

10. 滚珠丝杠副基本导程减小，可以（　　）。

A. 提高承载能力　　B. 提高精度

C. 提高传动效率　　D. 加大螺旋升角

11. 滚珠丝杠副的公称直径 $d_0$ 应（　　）。

A. 小于丝杠工作长度的 1/30　　B. 大于丝杠工作长度的 1/30

C. 根据接触角确定　　D. 根据螺旋升角确定

12. 一端固定，一端自由的丝杠支撑方式适用于（　　）。

A. 丝杠较短或丝杠垂直安装的场合　　B. 位移精度要求较高的场合

C. 刚度要求较高的场合　　D. 以上三种场合均可

13. 滚珠丝杠和普通丝杠相比，主要特点有（　　）。

A. 丝杠旋转将旋转运动转化为直线运动

B. 消除间隙，提高传动刚度

C. 不能自锁，具有可逆性

D. 摩擦阻尼小

14. 滚珠丝杠预紧的目的是（　　）。

A. 增加阻尼比，提高抗振性　　B. 提高运动平稳性

C. 消除轴向间隙和提高传动刚度　　D. 加大摩擦力，使系统能够自锁

15. 滚珠丝杠副消除轴向间隙的目的是（　　）。

A. 减小摩擦力矩　　B. 延长使用寿命

C. 提高反向传动精度　　D. 增大驱动力矩

16. 可以精确调整滚珠丝杠螺母副轴向间隙的结构形式是（　　）。

A. 双螺母垫片式　B. 双螺母齿差式　C. 双螺母螺纹式

17.（　　）更换一次滚珠丝杠上的润滑脂。

A. 每月　B. 每半年　C. 每年　D. 每两年

18. 滚珠丝杠副在垂直传动或水平放置的高速大惯量传动中，必须安装制动装置，这是为了（　　）。

A. 提高定位精度　B. 防止逆向传动　C. 减小电动机驱动力矩

19. 滚珠丝杠副在工作过程中所承受的载荷主要是（　　）。

A. 轴向载荷　B. 径向载荷　C. 扭转载荷

**三、判断题（正确的画“√”，错误的画“×”）**

1. 为了减小传动阻力，只在丝杠的一端安装轴承。（　　）

2. 滚珠丝杠副实现无间隙传动，定位精度高，刚度好。（　　）

3. 滚珠丝杠副有高的自锁性，不需要增加制动装置。（　　）

4. 滚珠在循环过程中有时与丝杠脱离接触的称为内循环。（　　）

5. 为了补偿热膨胀，可对滚珠丝杠预拉伸，预拉伸量应等于热膨胀量。（　　）

6. 将丝杠制成空心，通入冷却液强行冷却，可以有效地散发丝杠传动中的热量。（　　）

7. 滚珠丝杠副仅用于承受径向负荷，轴向力、弯矩会使滚珠丝杠副产生附加表面接触应力等负荷，从而可能造成丝杠的永久性损坏。（　　）

8. 静压丝杠螺母副的油膜层具有一定的刚度，故可大大减小反向时的传动间隙。（　　）

9. 滚珠丝杠只能应用于小于等于 6 m 的传动中，超过此范围要用齿轮齿条传动。（　　）

10. 数控机床进给传动机构中采用滚珠丝杠的原因主要是为了提高丝杠精度。（　　）

11. 在开环和半闭环数控机床上，定位精度主要取决于进给丝杠的精度。（　　）

12. 滚珠丝杠副共分 1、2、3、4、5、7、10 七个等级，其中 1 级精度最高。（　　）

13. 在数控机床中常用滚珠丝杠，用滚动摩擦代替滑动摩擦。（　　）

14. 滚珠丝杠螺母副是通过预紧的方式来调整丝杠和螺母间的轴向间隙的。（　　）

15. 滚珠丝杠副消除轴向间隙的目的主要是减小摩擦力矩。（　　）

16. 数控机床传动丝杠反方向间隙是不能补偿的。（　　）

17. 在滚珠丝杠副轴向间隙的调整方法中，常用双螺母结构形式，其中以齿差调隙式调整最为精确方便。 （ ）

18. 滚珠丝杠副由于不能自锁，故在垂直安装应用时需添加平衡或自锁装置。 （ ）

19. 数控机床为避免运动部件产生爬行现象，可通过减少运动部件的摩擦来实现，如采用滚珠丝杠螺母副、滚动和静压导轨。 （ ）

20. 采用滚珠丝杠作为 $X$ 轴和 $Z$ 轴传动的数控车床机械间隙一般可忽略不计。 （ ）

**四、简答题**

1. 滚珠丝杠螺母副有什么特点？

2. 静压丝杠螺母副有什么特点？

3. 滚珠丝杠副反向误差大、加工精度不稳定的原因主要有哪些？

4. 滚珠丝杠副有哪几种形式？其间隙的调整有哪几种形式？

5. 滚珠丝杠支撑方式有哪几种？各有什么特点？其应用场合是怎样的？

6. 试结合教材图 4—32 说明滚珠丝杠的制动原理。

## 第三节　其他进给传动装置

**一、填空题（请将正确答案填写在横线上）**

1. 可将直线电动机视为旋转电动机沿圆周方向拉开展平的产物，对应于旋转电动机的定子部分，称为直线电动机的________；对应于旋转电动机的转子部分，称为直线电动机的________。

2. 直线电动机可以分为__________________、__________________和____________________三大类。

3. 在励磁方式上，交流直线电动机可以分为__________和__________两种。

4. 双导程蜗杆齿的左、右两侧面具有不同的________，而同一侧的导程则是________的。可用______移动蜗杆的方法来消除或调整蜗轮蜗杆副之间的___________。

5. 液体静压蜗杆—蜗轮条机构的传动方式有____________________________________和____________________________________两种。

6. 液体静压蜗杆—蜗轮条机构是在蜗杆—蜗轮条的啮合面间注入__________，以形成一定厚度的________，使两啮合面间成为________摩擦，其包容角常在____________之间。

**二、选择题（请将正确答案的代号填入括号内）**

1. 双导程蜗杆—蜗轮副啮合间隙可以调整得很小，根据实际经验，侧隙调整可以小至（　　）mm。

A. 0.005～0.01　　B. 0.01～0.015　　C. 0.03～0.08

2. 当要在数控机床上实现回转进给运动或大降速比的传动要求时，常采用（　　）传动。

A. 蜗杆蜗轮　　B. 直线电动机　　C. 滚珠丝杠

3. 双导程蜗杆可用（　　）移动蜗杆的方法来消除或调整蜗轮蜗杆副之间的啮合间隙。

A. 任意方向　　B. 径向　　C. 轴向

4. 双导程渐开线蜗杆齿轮传动副的本质是一对（　　）传动副。

A. 螺旋齿轮　　B. 渐开线螺旋齿轮

C. 渐开线齿轮

5. 液体静压蜗杆—蜗轮条的包容角常在（　　）之间。

A. 90°～120°　　B. 60°～120°　　C. 90°～180°

6. 直线电动机冷却液箱内位于泵前的过滤网，需要每（　　）清洁一次。

A. 年　　　　　　　　B. 月　　　　　　　　C. 周

**三、判断题（正确的画“√”，错误的画“×”）**

1. 直线电动机次级部件与机床固定部件之间有一层隔热材料和空气层，连接的螺栓及次级冷却回路所用的冷却管材料均采用导热性较差的铝。（　　）

2. 双导程蜗杆可用轴向移动蜗杆的方法来消除或调整蜗轮蜗杆副之间的啮合间隙。（　　）

3. 双导程蜗杆齿的左、右两侧面具有不同的导程，而同一侧的导程也不相等。（　　）

4. 双导程蜗杆齿厚从蜗杆的一端向另一端均匀地逐渐增厚或减薄。（　　）

5. 液体静压蜗杆—蜗轮条的包容角常在90°～120°之间。（　　）

6. 双螺母齿轮—齿条传动常用在重型精度要求不高的数控机床上。（　　）

**四、简答题**

1. 直线电动机的维护包括哪些方面？

2. 双导程蜗杆—蜗轮副有什么特点？

3. 液体静压蜗杆—蜗轮条传动有哪几种形式？各有什么特点？

## 第四节　导轨装调与维修

**一、填空题（请将正确答案填写在横线上）**

1. 数控机床导轨的导向精度主要是指导轨沿支撑导轨运动的________或________。

2. 数控机床导轨按运动轨迹可分为________导轨和________导轨。按工作性质可分为________导轨、__________导轨和_______导轨。按受力情况可分为_______导轨和_______导轨。

3. 滑动导轨的两导轨面的摩擦性质为滑动摩擦，其中有_______导轨、__________导轨和_________导轨。

4. 滚动导轨的结构形式，可按滚动体的种类分为__________、__________和__________。

5. 滚动导轨也可以按照滚动体的滚动是否沿封闭的轨道返回做连续运动分为_______________和_______________两类。

6. 在数控机床上，对运动速度较高的导轨主要采用压力润滑，一般常用_______________和_______________两种方式。

7. 塑料导轨也称__________导轨，有__________和__________两种。

8. 静压导轨的滑动面之间开有_______，将有一定压力的油通过_________输入油腔，形成压力_______，浮起运动部件，使导轨工作表面处于_________摩擦状态。根据承载的要求不同，静压导轨分为_______和_______两种。

9. 若导轨直线度超差，则会导致加工面在_________不平。

**二、选择题（请将正确答案的代号填入括号内）**

1. 数控机床导轨按运动轨迹可分为直线运动导轨和（　　）导轨。

A. 主运动　　B. 调整　　C. 圆运动

2. 滚动导轨的两导轨面之间为滚动摩擦，导轨面间采用滚珠、滚柱或滚针等滚动体，它在（　　）中用得较多。

A. 主运动　　B. 进给运动　　C. 切削运动

3. 对于贴塑导轨需要进行精加工，通常采用（　　）。

A. 手工刮研方法　　B. 磨削加工　　C. 铣削加工

4. 涂层导轨的固化时间在室温条件下一般不少于（　　）h，在这段时间里，涂层导轨不允许有任何受压和振动。

A. 8　　B. 12　　C. 16

5. 直线运动导轨副的移动速度可以达到（　　）m/min，在数控机床上得到广泛应用。

A. 40　　B. 60　　C. 100

6. 用斜镶条调整导轨接合面之间的间隙，斜镶条的斜度在（　　）之间选取，镶条长，可选较小斜度；镶条短，则选较大斜度。

A. 1∶10～1∶40　　B. 1∶10～1∶400　　C. 1∶100～1∶40

7. 数控机床中导轨的作用是（　　）。

A. 支撑　　B. 传递动力　　C. 导向

8. 塑料导轨两导轨面间的摩擦力为（　　）。

A. 滑动摩擦　　B. 滚动摩擦　　C. 液体摩擦

9. 数控机床导轨按接合面的摩擦性质可分为滑动导轨、滚动导轨和（　　）导轨三种。

A. 贴塑　　B. 静压　　C. 动摩擦　　D. 静摩擦

10. 贴塑导轨（在两个金属滑动面之间粘贴了一层特制的复合工程塑料带）比滚动导轨的抗振性要好，主要是由于动、静导轨副之间（　　）。

A. 面接触　　B. 线接触　　C. 点接触　　D. 不接触

11. 目前国内外应用较多的塑料导轨材料是以（　　）为基体，添加不同填充料所构成的高分子复合材料。

A. 聚四氟乙烯　　B. 聚氯乙烯　　C. 聚氯丙烯　　D. 聚乙烯

12. 目前数控机床导轨中应用最普遍的导轨形式是（　　）。

A. 静压导轨　　B. 滚动导轨　　C. 滑动导轨

13.（　　）不是滚动导轨的缺点。

A. 动、静摩擦因数很接近　　B. 结构复杂

C. 防护要求高

14. 如果滚动导轨强度不够，结构尺寸也不受限制，应该（　　）。

A. 增加滚动体数目　　B. 增大滚动体直径

C. 增加导轨长度　　D. 增大预紧力

15. 滚动导轨预紧的目的是（　　）。

A. 提高导轨的强度　　B. 提高导轨的接触刚度

C. 减小牵引力

16. 数控机床导轨中无爬行现象的是（　　）导轨。

A. 滚动　　B. 滑动　　C. 静压

17. 静压导轨的摩擦因数约为（　　）。

A. 0.05　　B. 0.005　　C. 0.000 5　　D. 0.5

18. 如定位精度下降、反向间隙过大、机械爬行、轴承噪声过大等，这通常是（　　）故障。

A. 进给传动链　　B. 主轴部件　　C. 自动换刀装置

**三、判断题（正确的画“√”，错误的画“×”）**

1. 数控机床需进行高速进给运动，因此导轨不能承受重负载。（　　）

2. 数控机床的导轨主要用润滑脂润滑。（　　）

3. 数控机床导轨按运动轨迹可分为开式导轨和闭式导轨。（　　）

4. 液体静压导轨的两导轨面间有一层静压油膜，其摩擦性质属于纯液体摩擦，多用于主运动导轨。（　　）

5. 贴塑导轨摩擦因数低，摩擦因数在 0.03～0.05 范围内，且耐磨性、减振性、工艺性均好，广泛应用于大型数控机床。（　　）

6. 注塑导轨在调整好固定导轨和运动导轨间的相对位置精度后注入塑料，可节省很多工时，适用于大型和重型机床。（　　）

7. 贴塑导轨表面经过刮研后，所形成的高凸部分容易储存润滑油，移动部件在运动中形成一层油膜，有效地改善了导轨的润滑性能。（　　）

8. 滚动导轨支撑块已做成独立的标准部件，其特点是刚度高、承载能力大、便于拆装，可直接装在任意行程长度的运动部件上。（　　）

9. 直线滚动导轨制造精度高，可高速运行，通过预加负载可提高刚度，不能承受颠覆力矩。（　　）

10. 数控机床导轨的导向精度主要是指导轨沿支撑导轨运动的直线度或圆度。（　　）

11. 导轨的耐磨性决定了导轨的精度保持性。（　　）

12. 贴塑导轨是在动导轨的摩擦表面上贴上一层塑料软带，以降低摩擦因数，提高导轨的耐磨性。（　　）

13. 开式静压导轨是指不能限制工作台从导轨上分离的静压导轨，承受颠覆力矩的能力强。（　　）

14. 闭式静压导轨能承受较大的颠覆力矩。（　　）

15. 导轨润滑不良可使导轨研伤。（　　）

## 四、简答题

1. 简述影响数控机床导轨导向精度的主要因素。

2. 数控机床对导轨的要求有哪些？

3. 数控机床常用导轨有哪几种？什么是静压导轨？什么是贴塑导轨？

4. 导轨副间隙的调整方法有哪几种？

5. 滚动导轨副的预紧方法有哪几种?

6. 导致导轨上移动部件运动不良或不能移动故障的原因有哪些?

7. 简述贴塑导轨的装配工艺。

8. 简述注塑导轨的装配工艺。

9. 静压导轨有什么特点?

10. 滚动导轨有什么特点？

11. 试结合教材图 4—68 说明两种静压导轨的工作原理。

12. 试结合教材图 4—83 说明滚动导轨间隙调整的步骤。

## 第五节　常用检测装置装调与维修

**一、填空题（请将正确答案填写在横线上）**

1. 数控系统中的检测装置根据被测物理量分为________、________和________三种类型。

2. 数控系统中的检测装置按测量方法分为________和________两种。

3. 数控系统中的检测装置按检测信号类型分为________和________两大类。

4. 数控系统中的检测装置根据运动形式分为________检测装置和________检测装置。

5. 数控系统中的检测装置按信号转换原理分为________检测装置、________检测装置、________检测装置、________检测装置、________检测装置和________检测装置。

6. 位置检测的内容包括________、________、________及__________。

7. 根据光线在光栅中是反射还是透射，光栅分为____________和____________。

8. 光栅根据形状分为____________和__________，____________用于检测直线位移，__________用于检测角位移。

9. ______________是一种旋转式脉冲发生器，能把机械转角转变成电脉冲，是数控机床上使用广泛的位置检测装置。

10. 脉冲编码器分为__________、__________和______________三种。

11. ______________是一种控制用的微电动机，它将机械转角转换成与该转角成某一函数关系的电信号。

12. ______________是一种电磁式高精度位移检测装置，它是由旋转变压器演变而来的，即相当于一个展开的旋转变压器。

13. 磁尺由____________、________和____________三部分组成。

14. ______________是一种旋转式速度检测元件，可将输入的____________转换为电压信号输出。

15. 测速发电机分为__________________和__________________。

**二、选择题（请将正确答案的代号填入括号内）**

1. 普通闭环控制系统要求测量元件能够测量的最小位移为（　　）mm，测量精度在±0.002～0.02 mm/m 范围内。

A. 0.005～0.01　　B. 0.001～0.01　　C. 0.001

2. 物理光栅的刻线细而密，栅距（两刻线间的距离）在（　　）mm 之间，通常用于光谱分析和光波波长的测定。

A. 0.001～0.002　　B. 0.004～0.25　　C. 0.002～0.005

3. （　　）是用于数控机床的精密检测装置，具有测量精度高、响应速度快、量程宽等特点，是闭环系统中常用的位置检测装置。

A. 计量光栅　　B. 物理光栅　　C. 直线光栅

4. （　　）是一种旋转式脉冲发生器，能把机械转角转变成电脉冲，是数控机床上使用广泛的位置检测装置。

A. 光栅　　B. 旋转变压器　　C. 脉冲编码器

5. （　　）是一种旋转式速度检测元件，可将输入的机械转速转换为电压信号输出。

A. 测速发电机　　B. 旋转变压器　　C. 感应同步器

6. （　　）是一种旋转式测量元件，通常装在被检测轴上，随被检测轴一起转动。

A. 旋转变压器　　B. 脉冲编码器　　C. 圆光栅　　D. 测速发电机

**三、判断题（正确的画"√"，错误的画"×"）**

1. 检测装置是用来提供相对位移信息的一种装置，其作用是检测运动部件的位移并发出反馈信息，相当于人的眼睛和机床刻度盘的作用。（　　）

2. 在高精度数控机床上，使用光栅作为位置检测装置。它是将机械位移或模拟量转换为数字脉冲，反馈给 CNC 系统，实现半闭环位置控制。（　　）

3. 旋转变压器可单独和滚珠丝杠相连，也可与伺服电动机组成一体。（　　）

4. 感应同步器只能用于测量直线位移。（　　）

5. 安装感应同步器时，一般将滑尺固定在机床的固定部件上，定尺固定在机床的移动部件上。（　）

6. 感应同步器可以采用拼接的方法增大测量尺寸。（　）

7. 直线型检测装置有感应同步器、光栅、旋转变压器。（　）

8. 常用的间接测量元件有光电编码器和感应同步器。（　）

9. 旋转型检测元件有旋转变压器、脉冲编码器、测速发电机。（　）

10. 直线型检测元件有感应同步器、光栅、磁栅、激光干涉仪。（　）

**四、简答题**

试结合教材图 4—101 说明光电编码器的安装调整步骤。

# 第五章　自动换刀装置装调与维修

## 第一节　自动换刀装置概述

**一、填空题（请将正确答案填写在横线上）**

1. 为进一步提高数控机床的加工效率，数控机床朝着工件在一台机床上一次装夹即可完成多道工序或全部工序加工的方向发展，因此，必须有________________，以便选用不同刀具，完成不同工序的加工工艺。

2. ________________应当具备换刀时间短、刀具________________高、足够的刀具储备量、占地面积小、安全可靠等特性。

3. 在刀库中选择刀具通常采用________________和________________两种方法。

4. 任意选刀法主要有____________、____________和____________三种编码方式。

5. 编码附件方式可分为____________、____________、__________和__________等，其中应用最多的是____________。

**二、选择题（请将正确答案的代号填入括号内）**

1.（　　）是对每把刀具进行编码，由于每把刀具都有自己的代码，因此，可以存放于刀库的任一刀座中。

A. 编码附件方式　　B. 刀座编码方式　　C. 刀具编码方式

2. 随机换刀方式刀库中的刀具能与主轴上的刀具任意直接交换，是利用（　　）实现的。

A. 刀具编码方式　　B. 刀座编码方式　　C. 可编程控制器

3. 代表自动换刀的英文是（　　）。

A. APC　　B. ATC　　C. PLC

4. 数控机床自动选择刀具中任意选择的方法是采用（　　）来选刀换刀的。

A. 刀具编码　　B. 刀座编码　　C. 计算机跟踪记忆

5. 加工中心选刀方式中常用的是（　　）方式。

A. 刀柄编码　　B. 刀座编码　　C. 记忆

6. 对刀具进行编码是（　　）的要求。

A. 顺序选刀　　B. 任意选刀　　C. 软件选刀

7. 在刀库中，每把刀具在不同的工序中不能重复使用的选刀方式是（　　）。

A. 顺序选刀　　B. 任意选刀　　C. 软件选刀

8. 用于机床刀具编号的指令代码是（　　）代码。

A. F　　B. T　　C. M

9. 加工中心最简单的自动选刀方式是（　　）。

A. 顺序选刀　　B. 任意选刀　　C. 编码选刀

**三、判断题（正确的画“√”，错误的画“×”）**

1. 数控车床采用刀库形式的自动换刀装置。（　　）

2. 刀库中采用顺序选择刀具的方法时，刀库中的每一把刀具在不同的工序中不能重复使用，为了满足加工需要，只有增加刀具的数量和刀库的容量，这就降低了刀具和刀库的利用率。（　　）

3. 在刀库中顺序选择刀具需要刀具识别装置。（　　）

4. 任意选择刀具法的优点是刀库中刀具的排列顺序与工件加工顺序对应，相同的刀具可重复使用。（　　）

5. 采用刀具编码方式时，刀库中的刀具在不同的工序中可重复使用，用过的刀具也不一定放回原刀座中，避免了因刀具存放在刀库中的顺序差错而造成的事故，同时也缩短了刀库的运转时间。（　　）

6. 与顺序选择刀具的方式相比，刀座编码的突出优点是刀具在加工过程中可重复使用。（　　）

7. 随机换刀方法是由编码钥匙来识别刀具的。（　　）

8. 自动换刀装置的形式有回转刀架换刀、更换主轴换刀、更换主轴箱换刀、带刀库的自动换刀系统。（　　）

9. 自动换刀装置只要满足换刀时间短、刀具重复定位精度高的基本要求即可。（　　）

10. 顺序选刀方式具有无须刀具识别装置、驱动控制简单的特点。（　　）

11. 加工中心都采用任意选刀的选刀方式。（　　）

12. 数控机床对刀具的要求是高的使用寿命、高的交换精度和快的交换速度。（　　）

13. 利用软件选刀消除了由于识刀装置的稳定性、可靠性而带来的选刀失误。（　　）

**四、简答题**

1. 什么是自动选刀？什么是自动换刀装置？什么是刀座编码方式？

2. 自动换刀装置的形式有哪几种？各有何应用场合和特点？

3. 数控机床刀具的选刀方式有哪几种？

4. 顺序方式和任选方式的选刀过程各有什么特点？

## 第二节　刀架换刀装置装调与维修

**一、填空题（请将正确答案填写在横线上）**

1. 数控车床回转刀架根据刀架回转轴与安装底面的相对位置，分为______________和______________两种。

2. 经济型数控车床方刀架换刀时的动作顺序是____________、____________、____________和_______。

3. 车削中心动力刀具主要由__________、____________和刀具附件（钻削附件和铣削附件等）三部分组成。

4. 车削中心加工工件端面或柱面上与工件不同心的表面时，主轴带动工件做____________或直接参与____________，切削加工主运动由____________来实现。

5. 排刀式刀架一般用于__________数控车床，以加工棒料或____________为主。一般来说，旋转直径超过__________的机床大都不采用排刀式刀架。

**二、选择题（请将正确答案的代号填入括号内）**

1. 双齿盘转塔刀架由（　　）将转位信号送至可编程控制器进行刀位计数。

A. 直光栅　　B. 编码器　　C. 圆光栅

2. 回转刀架换刀装置常用于数控（　　）。

A. 车床　　B. 铣床　　C. 钻床

3. 车削中心应用动力刀具钻外圆面上的孔时，要求加工中心的主轴不能（　　）。

A. 旋转　　B. 准停　　C. 分度

**三、判断题（正确的画“√”，错误的画“×”）**

1. 排刀式刀架一般用于大规格数控车床。（　　）

2. 车削加工中心必须配备动力刀架。（　　）

3. 转塔式自动换刀装置是数控车床上使用最普遍、操作最简单的自动换刀装置。 （ ）

4. 数控车床刀架的定位精度和垂直精度中影响加工精度的主要是前者。 （ ）

**四、简答题**

1. 简述经济型数控车床电动刀架的常见故障及排除方法。

2. 分析造成刀架不能正常夹紧的原因。

3. 试结合教材图 5—6 说明经济型方刀架的换刀过程。

4. 试结合教材图 5—7 说明双齿盘刀架的换刀过程。

## 第三节　刀库与机械手的结构

**一、填空题（请将正确答案填写在横线上）**

1. ________方式是利用刀库与机床主轴的相对运动来实现刀具交换。

2. 刀库一般使用________或________来提供转动动力，用刀具________来保证换刀的可靠性，用__________来保证更换的每一把刀具或刀套都能可靠地准停。

3. 刀库的功能是_______加工工序所需的各种刀具，并按程序指令将要用的刀具准确地送到__________，并接受从_______送来的已用刀具。

4. 常见机械手的形式有________________________、________________________、______________________、__________、双臂往复交叉式机械手及双臂端面夹紧机械手六种。

**二、选择题（请将正确答案的代号填入括号内）**

1. 一般的中、小型立式加工中心配有（　　）把刀具的刀库就能够满足 70%～95%的工件加工需要。

A. 12～16　　B. 14～30　　C. 14～36

2. 刀库的最大转角为（　　），根据所换刀具的位置决定正转或反转，由控制系统自动判别，以使找刀路径最短。

A. 90°　　B. 120°　　C. 180°

3. 转塔头加工中心的主轴数一般为（　　）个。

A. 3～5　　B. 24　　C. 28　　D. 6～12

4. 加工中心自动换刀装置由驱动机构、（　　）组成。

A. 刀库和机械手　　B. 刀库和控制系统

C. 机械手和控制系统　　D. 控制系统

5. 圆盘式刀库的安装位置一般位于数控机床的（　　）上。

A. 立柱　　B. 导轨　　C. 工作台

6. 加工中心换刀可与机床加工重合起来，即利用切削时间进行（　　）。

A. 对刀　　B. 选刀　　C. 换刀　　D. 校核

7. 目前在数控机床的自动换刀装置中，机械手夹持刀具的方法应用最多的是（　　）。

A. 轴向夹持　　B. 径向夹持　　C. 法兰盘式夹持

8. 加工中心刀具交换装置有（　　）等类型。

A. 无机械手换刀　　B. 机械手换刀　　C. A、B 均正确　　D. A、B 均不正确

9. 不同的加工中心，其换刀程序是不同的，通常选刀和换刀（　　）进行。

A. 一起　　B. 同时　　C. 同步　　D. 分开

10. 在采用 ATC 后，数控加工的辅助时间主要用于（　　）。

A. 工件安装及调整　　B. 刀具装夹及调整

C. 刀库的调整

**三、判断题（正确的画“√”，错误的画“×”）**

1. 无机械手换刀主要用于大型加工中心。（　　）

2. 刀库回零时，可以从任意一个方向回零，至于是顺时针回转回零还是逆时针回转回零，由设计人员定。（　　）

3. 单臂双爪摆动式机械手的两个夹爪可同时抓取刀库及主轴上的刀具，回转 180°后，又同时将刀具放回刀库及装入主轴。（　　）

4. 双臂端面夹紧机械手夹紧刀柄的两个端面进行换刀。（　　）

5. 凸轮联动式单臂双爪机械手手臂的回转和插刀、拔刀的分解动作是联动的，部分时

间可重叠，从而大大缩短了换刀时间。（　　）

6. 刀库是自动换刀装置最主要的部件之一，圆盘式刀库因其结构简单、取刀方便而应用广泛。（　　）

7. 加工中心程序“M06T02”表示调用2号刀具补偿。（　　）

**四、简答题**

1. 消除刀套反向间隙的方法有哪些?

2. 机械手与刀库的维护项目有哪些?

3. 刀库的作用是什么?

4. 刀库的容量为什么要满足“够用为度”的原则?

5. 刀具从机械手中脱落的原因是什么?

6. 简述刀库与换刀机械手的维护方法。

7. 简述斗笠式刀库的结构。

8. 试结合教材图 5—17 说明盘式刀库的工作原理。

9. 试结合教材图 5—27 和图 5—28 说明机械手的工作原理。

## 第四节　刀库与机械手装调与维修

**一、填空题（请将正确答案填写在横线上）**

1. 采取顺序选刀方式的机床必须做到刀具放置在刀库上的________要正确。
2. 每________检查加工中心换刀缸润滑油，不足时需要及时添加。
3. 每________检查加工中心刀臂式换刀机构齿轮箱油量，不足时需要添加齿轮油。
4. 每________在刀臂式刀库传动部分加注润滑油。
5. 刀套上的调整螺钉松动或弹簧________，将使刀套________夹紧刀具。

## 二、选择题（请将正确答案的代号填入括号内）

1. 刀具交换时，掉刀的原因主要是由于（　　）引起的。

　A. 电动机的永久磁体脱落　　B. 松锁刀弹簧压合过紧

　C. 刀具质量过小（一般小于 5 kg）　　D. 机械手转位不准或换刀位置飘移

2. 在刀具交换过程中，主轴里的刀具拔不出，发生原因可能是（　　）。

　A. 克服刀具夹紧的液压力小于弹簧力

　B. 液压缸活塞行程不够

　C. 用于控制刀具放松的电磁换向阀不得电

　D. 以上原因都有可能

3. 造成卸刀时弹簧套没有随螺母自动脱离主轴内孔的原因是（　　）。

　A. 弹簧套或主轴内孔表面有异物，安装前表面没有清理干净

　B. 安装时螺母拧得太紧

　C. 弹簧套已损坏或者主轴内孔表面已损坏

　D. 弹簧夹头使用方法不对

## 三、判断题（正确的画“√”，错误的画“×”）

1. 换刀时发生掉刀的原因之一是系统动作不协调。（　　）
2. 刀库出现换刀混乱的原因之一是电池电压太低。（　　）
3. 换刀时发生掉刀的原因之一可能是时间太短。（　　）
4. 换刀时发生掉刀的原因之一可能是刀具超过规定质量。（　　）
5. 加工中心上使用的刀具有质量限制。（　　）
6. 每年检查加工中心换刀缸润滑油，不足时需要及时添加。（　　）

## 四、简答题

1. 刀库及机械手的维护项目包括哪些？

2. 刀库及机械手的常见故障有哪些？如何排除？

# 第六章　液压与气动装置装调与维修

## 第一节　液压装置装调与维修

**一、填空题（请将正确答案填写在横线上）**

1. 现代数控机床在实现整机的全自动化控制中，除数控系统外，还需要配备________和________装置来辅助实现整机的自动运行。

2. ______________使用工作压力高的油性介质，因此机构输出力大。

3. 数控车床回转刀盘分系统有两个执行元件，刀盘的松开与夹紧由__________执行，而__________则驱动刀盘回转。

4. 要控制泄漏，首先是提高液压元件零部件的____________和元件的____________以及管道系统的____________。

5. ____________主要由能源部分、控制部分和执行机构部分构成。

6. __________是液压系统中的动力部分，能将电动机输出的机械能转换为油液的压力能。

**二、选择题（请将正确答案的代号填入括号内）**

1.（　　）液压系统主要承担卡盘、回转刀架、刀盘及尾架套筒的驱动与控制任务。

A. 数控车床　　B. 数控铣床　　C. 加工中心

2. 数控车床（　　）能实现卡盘的夹紧与放松及两种夹紧力（高与低）之间的转换。

A. 电气系统　　B. 气动系统　　C. 液压系统

3. 液压系统所有电磁铁的通、断均由数控系统用（　　）来控制。

A. ATC　　B. APC　　C. PLC

4. 数控车床卡盘分系统的执行元件是（　　）。

A. 液压缸　　B. 电动机　　C. 液压泵

5. 在液压缸的进、回油路中都串联液控（　　），活塞可以在行程的任何位置锁紧，其锁紧精度只受液压缸内少量的内泄漏影响，因此锁紧精度较高。

A. 溢流阀　　B. 单向阀　　C. 减压阀

6. 卧式加工中心液压系统中液压泵采用双级压力控制变量（　　），低压调至 4 MPa，高压调至 7 MPa。

A. 柱塞泵　　B. 叶片泵　　C. 压力阀

7. 柱塞泵中的柱塞往复运动一次，完成一次（　　）。

A. 进油和压油　　B. 进油

C. 压油　　D. 排油

8. 液压回路主要由能源部分、控制部分和（　　）部分构成。

A. 换向　　B. 执行机构　　C. 调压

9. 液压泵是液压系统中的动力部分，能将电动机输出的机械能转换为油液的（　　）能。

A. 压力　　B. 流量　　C. 速度

10. 液压系统中的压力大小取决于（　　）。

A. 外力　　B. 调压阀　　C. 液压泵

11. 从工作性能上看，液压传动的缺点有（　　）。

A. 调速范围小　　B. 换向慢　　C. 传动效率低

12. 液压油的（　　）是选用的主要依据。

A. 黏度　　B. 润滑性　　C. 黏湿特性　　D. 化学稳定性

13. 液压系统中，油箱的主要作用是储存液压系统所需的足够油液，并且（　　）。

A. 补充系统泄漏，保持系统压力

B. 过滤油液中的杂质，保持油液清洁

C. 散发油液中的热量，分离油液中的气体及沉淀物

D. 维持油液正常工作温度，防止各种原因造成的油温过高或过低

**三、判断题（正确的画“√”，错误的画“×”）**

1. 一个简单而完整的液压传动系统由动力元件、执行元件、控制元件和辅助元件四部分组成。（　　）

2. 液压传动装置过载时比较安全，不易发生过载损坏机件等事故。（　　）

3. 数控车床回转刀盘的正反转及刀盘的松开与夹紧由气动装置控制。（　　）

4. 尾架套筒通过液压缸实现顶出与缩回。（　　）

5. 压力阀的作用是当液压缸压力不足时，立即使主轴停转，以免卡盘松动将旋转工件甩出，危及操作者的安全以及造成其他损失。（　　）

6. 加工中心采用液压缸拉紧机构使刀柄与主轴连为一体，采用碟簧使刀柄与主轴脱开。（　　）

7. 液压系统故障的发生100%是由于油液污染而引发的，油液污染还加速液压元件的磨损。（　　）

8. 造成卡盘无松、夹动作的原因可能是电气故障或液压部分故障。（　　）

9. 造成液压卡盘失效的原因一般是液压系统故障。（　　）

10. 尾座顶不紧的原因可能是密封圈损坏或液压压力不足。（　　）

11. 液压缸的功能是将液压能转化为机械能。（　　）

12. 保证数控机床各运动部件间的良好润滑就能提高机床使用寿命。（　　）

13. 液压系统的输出功率就是液压缸等执行元件的工作功率。（　　）

14. 液压系统的效率是由液阻和泄漏来确定的。（　　）

15. 调速阀是由一个节流阀和一个减压阀串联而成的组合阀。（　　）

16. 数控机床为了避免运动部件运动时出现爬行现象，可以通过减小运动部件间的摩擦力来实现。（　　）

17. 液压泵不供油或者流量不足的原因可能是流量调节螺钉调节不当，定子偏心方向相反，此时的故障排除方法是按逆时针方向逐步转动流量调节螺钉。（　　）

18. 数控机床液压系统的工作压力低，运动部件爬行的原因是液压油泄漏。（　　）

## 四、简答题

1. 简述液压和气动装置在机床中的辅助功能。

2. 数控机床液压系统的主要驱动对象是什么?

3. 数控机床液压系统油温变化大的不利后果有哪些?

4. 试结合教材图 6—1 说明数控车床液压系统的工作原理。

5. 试结合教材图 6—5 说明数控加工中心液压系统的工作原理。

## 第二节　气动装置装调与维修

**一、填空题（请将正确答案填写在横线上）**

1. 加工中心的气动装置主要应用在主轴锥孔的________上。

2. 薄的加工件进行车削加工时，其夹具一般为____________。

3. 每______给三点组合排水。

**二、选择题（请将正确答案的代号填入括号内）**

1. 薄的加工件进行车削加工时是难于夹紧的，而（　　）则是较理想的夹具。

A. 真空卡盘　　B. 磁性卡盘　　C. 三爪自定心卡盘

2. 气压传动的优点是（　　）。

A. 可长距离输送　　B. 稳定性好　　C. 输出压力高

3. 对于加工一些薄壁零件、成型面零件或非磁性材料的薄片零件等，使用一般夹紧装置难以控制变形量并保证加工要求，因此常采用（　　）夹紧装置。

A. 液压　　B. 气液增压　　C. 真空

**三、判断题（正确的画“√”，错误的画“×”）**

1. 空气侵入液压系统，系统出现爬行现象。（　　）

2. 压缩空气中含有的水分会使橡胶、塑料和密封材料变质。（　　）

3. 为排除缸内空气，对要求不高的液压缸，可将油管设在缸体最高处。（　　）

**四、简答题**

1. 在气动控制中为什么要保证供给洁净的压缩空气？

2. 在气动控制中为什么要保证空气中含有适量的润滑油？怎样保证？

3. 试结合教材图 6—19 说明加工中心气动系统的工作原理。

4. 试结合教材图 6—21 和图 6—22 说明真空卡盘的工作原理。

# 第七章　辅助装置维护与维修

## 第一节　工作台的维护与维修

**一、填空题（请将正确答案填写在横线上）**

1. 数控转台根据控制方式分为________和________两种。
2. 数控转台按照分度形式可分为____________和______________。
3. 数控转台按照驱动方式可分为____________和____________。
4. 数控转台按照安装方式可分为____________和____________。
5. 数控转台按照回转轴数可分为____________、____________和______________。
6. 直接驱动回转工作台一般采用____________驱动。
7. ____________的分度和定位按照控制系统的指令自动进行，每次转位回转一定的角度，为满足分度精度的要求，常采用的专门定位元件有____________、____________、____________和____________等几种。
8. 作为柔性制造系统的基本单位是各种________________。
9. 制造单元是由____________、工件台架、工业机器人或可换工作台、____________、____________及____________________等六部分组成。

**二、选择题（请将正确答案的代号填入括号内）**

1. 数控机床的进给运动，除 $X$、$Y$、$Z$ 三个坐标轴的直线进给运动之外，还可以有绕 $X$、$Y$、$Z$ 三个坐标轴的圆周进给运动，分别称（　　）轴。

A. $A$、$B$、$C$　　B. $U$、$V$、$W$　　C. $I$、$J$、$K$

2. 齿盘定位的分度工作台能达到很高的分度定位精度，一般为（　　），最高可达±0.4″。

A. ±2″　　B. ±3″　　C. ±4″

3. 代表柔性制造系统的英文缩写是（　　）。

A. FMC　　B. FMS　　C. APC

4. 绕 $X$ 轴旋转的回转运动坐标轴是（　　）。

A. $A$ 轴　　B. $B$ 轴　　C. $Z$ 轴

5. 在数控机床坐标系中，平行于机床主轴的坐标轴为（　　）。

A. $X$ 轴　　B. $Y$ 轴　　C. $Z$ 轴

6. 四坐标数控铣床的第四轴是垂直布置的，则该轴命名为（　　）。

A. $B$ 轴　　B. $C$ 轴　　C. $W$ 轴

7. 蜗杆和（　　）传动具有自锁性能。

A. 普通螺旋　　B. 滚珠丝杠螺母副

C. 链　　D. 齿轮

8. 利用回转工作台铣削工件的圆弧面，当校正圆弧面中心与回转工作台中心重合时，应转动（　　）。

A. 立轴　　B. 回转工作台　　C. 工作台　　D. 铣刀

9. 闭环数控转台所用的检测元件是（　　）。

A. 圆光栅　　B. 感应同步器　　C. 光栅　　D. 磁尺

10. 直接驱动回转工作台一般采用（　　）驱动。

A. 直线电动机　　B. 步进电动机

C. 交流伺服电动机　　D. 力矩电动机

11. 分度工作台的夹紧、松开由（　　）系统完成。

A. 气压　　B. 液压　　C. 电动机

**三、判断题（正确的画"√"，错误的画"×"）**

1. 数控机床的圆周进给运动，一般由数控系统的圆弧插补功能来实现。（　　）

2. 开环数控转台和开环直线进给机构一样，都可以用功率步进电动机来驱动。（　　）

3. 数控转台的分度定位和分度工作台相同，它是按控制系统所指定的脉冲数来决定转位角度，没有其他定位元件。（　　）

4. 加工精度越高，数控转台的脉冲当量应选得越大。（　　）

5. 数控转台直径越小，脉冲当量应选得越大。（　　）

6. 闭环数控转台的结构与开环数控转台大致相同，其区别在于闭环数控转台有圆光栅或圆感应同步器转动角度测量元件。（　　）

7. 数控回转工作台不需要设置零点。（　　）

8. 双蜗杆传动结构用电液脉冲马达实现对蜗轮的正、反向传动。（　　）

9. 分度工作台可实现任意角度的定位。（　　）

10. 由于齿盘啮合脱开相当于两齿盘对研过程，因此，随着齿盘使用时间的延续，其定位精度还有不断降低的趋势。（　　）

11. 四坐标数控铣床是在三坐标数控铣床上增加一个数控回转工作台。（　　）

12. 一数控机床的加工程序为"B90"，则该数控机床具有分度工作台。（　　）

13. 一数控机床的加工程序为"C90"，则该数控机床具有分度工作台。（　　）

14. 数控分度工作台可以作为数控回转工作台加以应用。（　　）

15. 分度工作台的夹紧、松开由气压系统完成。（　　）

**四、简答题**

1. 什么是数控回转工作台？什么是数控分度工作台？

2. 简述回转工作台的结构形式及特点。

3. 回转工作台台面的定位方式是什么？有什么要求？

4. 试结合教材图 7—2 说明数控回转工作台的工作原理。

5. 试结合教材图 7—8 说明数控分度工作台的工作原理。

6. 试结合教材图 7—11 和图 7—12 说明带有托板交换的分度工作台的工作原理。

## 第二节　分度头与万能铣头的维护与维修

**一、填空题（请将正确答案填写在横线上）**

1. ____________是数控铣床和加工中心常用的附件。它的作用是按照控制装置的信号或指令做__________或连续回转进给运动，以使数控机床能完成指定的加工工序。

2. 采用__________的数控铣床可实现五面加工。

3. 在数控铣床上加工齿轮常采用____________夹具。

**二、选择题（请将正确答案的代号填入括号内）**

1. 一台五面加工中心一般应具有（　　）部件。

A. 万能铣头　　B. 回转工作台　　C. 工作台

2. 一台数控铣床在采用仿形法加工齿轮时能自动进行分度，则该机床具有（　　）部件。

A. 万能铣头　　B. 回转工作台　　C. 分度头

3. FKNQ 系列数控气动等分分度头可完成以（　　）为基数的整数倍的水平回转坐标的高精度等分分度工作。

A. 15°　　B. 5°　　C. 0.5°

**三、判断题（正确的画“√”，错误的画“×”）**

1. 数控分度头必须由独立的控制装置控制。（　　）

2. 等分式的 FKNQ 系列数控分度头用精密蜗轮副作为分度定位元件，用于完成任意角度的分度工作，采用双导程蜗杆消除传动间隙。（　　）

**四、简答题**

1. 试结合教材图 7—18 说明数控分度头的工作原理。

2. 试结合教材图 7—20 说明万能铣头的工作原理。

## 第三节　卡盘与尾座的维护与维修

**一、填空题（请将正确答案填写在横线上）**

1. 卡盘按驱动卡爪所用动力不同，分为__________和__________两种。
2. 常用夹具类型有________、________、________。
3. 每______用润滑油润滑卡盘的卡爪周围一次。
4. 卡盘一般由__________、__________和______________三部分组成。

**二、选择题（请将正确答案的代号填入括号内）**

1. 机床上的卡盘、中心架等属于（　　）夹具。

A. 通用　　B. 专用　　C. 组合

2. 机床夹具按（　　）分类，可分为通用夹具、专用夹具、组合夹具等。

A. 使用机床类型　　B. 驱动夹具工作的动力源

C. 夹紧方式　　D. 专门化程度

3. 单线阻尼式润滑系统适用于机床润滑点需油量相对较（　　），并需周期供油的场合。

A. 通用　　B. 多　　C. 少

**三、判断题（正确的画"√"，错误的画"×"）**

1. 卡盘一般由卡盘体、活动卡爪和卡爪驱动机构三部分组成。（　　）
2. 每班工作结束时，及时清扫卡盘上的切屑。（　　）
3. 卡盘内部残留大量的碎屑将使底爪的行程不足。（　　）
4. 切削力的大小对工件是否打滑没有影响。（　　）
5. 密封圈损坏将使尾座顶不紧工件。（　　）

**四、简答题**

1. 对卡盘的维护有什么要求？

2. 对尾座的维护有什么要求？

3. 试结合教材图 7—23 说明动力卡盘的工作原理。

4. 试结合教材图 7—25 说明尾座的工作原理。

## 第四节　润滑与冷却系统的装调与维修

**一、填空题（请将正确答案填写在横线上）**

1. __________润滑系统主要由泵站、递进片式分流器组成，并可附带控制装置加以监控。

2. 数控机床的润滑系统分为______________润滑系统、__________润滑系统和__________润滑系统三类。

3. 每______检查润滑油是否足够，不足时应及时添加。每______定期检查给油口滤网，清除杂质。每______对整个润滑油箱清洗一次。

**二、选择题（请将正确答案的代号填入括号内）**

1.（　　）定量准确、压力高；不但可以使用稀油，而且还适用于使用油脂润滑的情况。润滑点可达 100 个，压力可达 21 MPa。

A. 单线阻尼式润滑系统　　　　B. 递进式润滑系统

C. 容积式润滑系统

2.（　　）压力一般在 50 MPa 以下，润滑点可达几百个，其应用范围广、性能可靠，但不能作为连续润滑系统。

A. 单线阻尼式润滑系统　　　　B. 递进式润滑系统

C. 容积式润滑系统

3.（　　）非常灵活，多一个或少一个润滑点都可以，可由用户安装，且当某一点发生阻塞时，不影响其他点的使用，故应用十分广泛。

A. 单线阻尼式润滑系统　　　　B. 递进式润滑系统

C. 容积式润滑系统

4. 集中润滑系统需（　　）检查润滑油是否足够，不足时应及时添加。

A. 每班　　B. 每天　　C. 每周

**三、判断题（正确的画“√”，错误的画“×”）**

1. 对于递进式润滑系统，当某一点发生阻塞时，不影响其他点的使用，故应用十分广泛。（　　）

2. 容积式润滑系统能作为连续润滑系统。（　　）

3. 递进式润滑系统以定量阀作为分配器向润滑点供油。（　　）

4. 经济型数控车床的四工位刀架为内冷却刀架，加工过程中如果喷嘴的方向不合适要及时调整。（　　）

5. 在数控机床中，良好的工件切削冷却具有重要意义，切削液不仅具有对刀具、工件、机床的冷却作用，而且还起到在刀具与工件之间的润滑、排屑清理、防锈等作用。（　　）

6. 定期检查油泵各接头是否堵塞。（　　）

7. 每年对整个润滑油箱清洗一次。（　　）

8. 每周应清除切削液水槽过滤网上的积屑。（　　）

9. M08 表示切削液开。（　　）

10. 数控机床在任何情况下执行 M08 都能使切削液开。（　　）

**四、简答题**

1. 什么是单线阻尼式润滑系统？什么是递进式润滑系统？什么是容积式润滑系统？

2. 对润滑系统的维护有哪些要求？

3. 对冷却系统的维护有哪些要求？

# 第五节　排屑与防护装置的维护与维修

**一、填空题（请将正确答案填写在横线上）**

1. 在数控加工中，为防止切屑飞出伤人及意外事故的发生，应关闭______________。

2. 数控机床常用的防护罩种类有______________防护罩、________________防护罩、______________防护罩、____________防护罩、防护布和防尘折布。

3. 拖链可有效地保护________、________、________与________软管，可延长被保护对象的使用寿命，降低消耗，并改善管线分布零乱状况，增强机床整体艺术造型效果。

4. 拖链的种类有________工程塑料拖链、____________工程塑料拖链、DGT 导管防护套、JR-2 型矩形金属软管、________拖链、__________工程塑料拖链。

5. __________工程塑料拖链由玻璃纤维强尼龙注塑而成，强度较大，主要用于运动距离较长、较重的管线。

6. ________工程塑料拖链是由玻璃纤维强尼龙注塑而成。

7. 磁性辊式排屑装置是利用磁辊的________，将切屑________在每个磁辊间传动，以达到输送切屑的目的。

8. 螺旋式排屑装置有两种，一种是______________________________，另一种是________________________。

**二、选择题（请将正确答案的代号填入括号内）**

1.（　　）应根据维护需要，对各防护装置进行全面拆卸清理。

A. 每天　　　　B. 每周　　　　C. 每年

2.（　　）需要将机床防护部分及滑动面裸露部分擦拭干净，并涂上防锈油。

A. 每天　　　　B. 每周　　　　C. 每年

3.（　　）应检查机床、导轨等防护装置表面有无松动，定期检查各个部位的防护罩有无漏水。

A. 每天　　　　B. 每周　　　　C. 每年　　　　D. 每月

**三、判断题（正确的画“√”，错误的画“×”）**

1. 防护罩的主要作用是方便工人装卸工件时踩踏。（　　）

2. 压缩空气有助于清除机床内部的碎屑。（　　）

3. 为了便于观察，机床在加工过程中可打开防护门。（　　）

4. 炎热的夏季车间温度高达 35℃以上，因此要将数控柜门打开，以增加通风散热。（　　）

5. 为了防止尘埃进入数控装置内，故将电气柜做成完全密封的。（　　）

6. 数控车床的排屑装置装在回转工件下方。（　　）

7. 数控铣床和加工中心的排屑装置装在床身的回水槽上或工作台边侧位置。（　　）

8. 磁性板式排屑装置可用于加工铁磁材料的各种机械加工工序的数控机床和自动线。（　　）

9. 防护玻璃每年要损失 10％左右的强度。（　　）

## 四、简答题

1. 常见的排屑装置有哪些？各有什么特点？

2. 常见的机床防护罩有哪些？

3. 对排屑装置的维护有哪些要求？

4. 对防护装置的维护有哪些要求？

# 第八章　数控机床装调与精度检验

## 第一节　数控机床装调

**一、填空题（请将正确答案填写在横线上）**

1. 数控机床装配过程中应遵循的一个原则是____________、____________。

2. 滚珠丝杠螺母的装配需要测量其轴心线对工作台滑动导轨面在垂直方向和水平方向上的__________。

3. 大型、重型机床需要专门做地基，精密机床应安装在单独的地基上，在地基周围设置__________，并用地脚螺栓紧固。

4. 地基质量的好坏，将关系到机床的____________、______________、____________、________以及机床的使用寿命。

5. 机床找平工作应避免为适应调整水平的需要，引起机床的变形，从而引起导轨精度和导轨相配件配合及连接的变化，使机床________和________受到破坏。

6. 数控机床地基土的处理方法可采用____________、____________、______________或碎石桩加固法。

7. 精密机床或50 t以上的重型机床，其地基加固可用__________或采用________。

8. 数控机床的安装位置应远离________、________等各种干扰源及机械振源。

9. 数控机床主机装好后，即可连接________、________和________。

10. 常用调整垫铁的类型有____________、____________、________________、____________。

11. 精密机床应安装在________的地基上，在地基周围设置__________，并用____________紧固。

12. 数控机床工作的环境温度为________________，相对湿度在__________左右，数控机床不能安装在有________的车间里，应避免______________的侵蚀。

13. 要用浸有清洗剂的________或________擦拭数控机床各连接面。

14. 数控机床与外界电源相连接时，应重点检查输入电源的________和________，电网输入的相序可用__________检查，也可用__________检查。

**二、选择题（请将正确答案的代号填入括号内）**

1. 数控机床装配过程中应遵循的一个原则是（　　）、由里至外。

A. 由上至下　　B. 由小至大　　C. 由下至上

2. 轴承座装于底座的两端，并各自套入精密的试棒，测量其轴心线对底座导轨面在垂直方向的平行度，要求为（　　）。

A. 0.02 mm/1 000 mm　　B. 0.05 mm/1 000 mm

C. 0.005 mm/1 000 mm

3. 丝杠在运动时，要保证丝杠的同轴度、(　　)，防止丝杠变形。

A. 直线度　　B. 平行度　　C. 对称度

4. 导轨镶条安装前要用(　　)清洗干净，再放入滑板并进行调整。

A. 汽油　　B. 丙酮　　C. 酒精

5. 新机床就位后，只要做(　　)h 连续运转就认为可行。

A. 1～2　　B. 8～16　　C. 96　　D. 100

6. 下列型号中，(　　)是最大加工工件直径为 400 mm 的数控车床型号。

A. CJK0620　　B. CK6140　　C. XK5040

7. 下列型号中，(　　)是工作台宽 500 mm 的数控铣床。

A. CK6150　　B. XK715　　C. TH6150

8. 下列型号中，(　　)是一台加工中心。

A. XK754　　B. XH764　　C. XK8140

9. 数控机床的主机(机械部件)包括床身、主轴箱、刀架、尾座和(　　)。

A. 进给机构　　B. 液压系统　　C. 冷却系统

10. 将数控机床放置于地基上，在自由状态下按机床说明书的要求调整其(　　)。

A. 平面度　　B. 平行度　　C. 水平

11. 数控车床起吊时，要将尾座移至机床(　　)，同时注意使机床底座处于水平状态。

A. 左端　　B. 中间　　C. 右端

12. 用水平仪检验机床导轨直线度时，若把水平仪放在导轨右端，气泡向左偏 2 格；若把水平仪放在导轨左端，气泡向右偏 2 格，则此导轨是(　　)。

A. 直的　　B. 中间凹的　　C. 中间凸的　　D. 向右倾斜的

13. 数控机床加工调试中遇到问题想停机应先停止(　　)。

A. 冷却液　　B. 主运动　　C. 进给运动　　D. 辅助运动

14. 卧式数控车床的主轴中心高度与尾架中心高度之间的关系是(　　)。

A. 主轴中心高于尾架中心　　B. 尾架中心高于主轴中心

C. 只要在误差范围内即可

15. 加工中心主轴轴线与被加工表面不垂直，将使被加工平面(　　)。

A. 外凸　　B. 内凹　　C. 不影响

16. 数控车床主轴轴线有轴向窜动时，对车削(　　)精度影响较大。

A. 外圆表面　　B. 丝杠螺距　　C. 内孔表面

17. 一般中小型数控机床无需做单独的地基，只需在硬化好的地面上采用(　　)稳定机床床身，用支撑件调整机床的水平。

A. 斜垫铁　　B. 开口垫铁　　C. 活动垫铁

**三、判断题(正确的画“√”，错误的画“×”)**

1. 数控机床装配过程中应遵循的一个原则是由上至下、由里至外。　(　　)

2. 数控机床装配过程中应遵循的一个原则是由下至上、由外至里。　(　　)

3. 数控机床两条导轨的安装需进行相等平行的调整。　(　　)

4. 丝杠安装时要用游标卡尺分别测量丝杠两端与导轨之间的距离，使之相等，以保证丝杠的同轴度。　(　　)

5. 装丝杠前先将丝杠的轴承盖装上，装丝杠时注意把丝杠上与丝杠螺母连接件的大平面部分朝下。（　　）

6. 正弦规是利用正弦函数原理，用间接法测量角度的量具。（　　）

7. 装丝杠的轴承盖时，一定要把螺钉上紧，以防脱落。（　　）

8. 装电动机前，先将联轴器装在丝杠端。（　　）

9. 接通主开关前，电气人员必须对数控装置的电源线仔细检查，接通后，先检查电动机的相序（U、V、W）。（　　）

10. 通过长时间的接通和断开液压装置来检查液压马达的转动方向，并校正。（　　）

11. 选择合理规范的拆卸和装配方法，能避免被拆卸件的损坏，并有效地保证机床原有精度。（　　）

12. 数控机床对安装地基没有特殊要求。（　　）

13. 数控机床不能安装在有粉尘的车间里，应避免酸腐蚀气体的侵蚀。（　　）

14. 数控车床起吊时应将尾座移至主轴端并锁紧。（　　）

15. 找正安装水平的基准面，应在机床的主要工作面（如机床导轨面或装配基面）上进行。（　　）

16. 压紧地脚螺栓时，床身有微量变形不影响使用。（　　）

17. 对于安装的数控机床，考虑水泥地基的干燥有一过程，故要求机床运行数月或半年后再精调一次床身水平，以保证机床长期工作精度，提高机床几何精度的保持性。（　　）

18. 数控机床各连接面、运动面上的防锈涂料，可用金属或其他坚硬刮具快速去除。（　　）

19. 良好的接地不仅对设备和人身安全起着重要的保障作用，同时还能减少电气干扰，保证数控系统及机床的正常工作。（　　）

20. 数控机床与外界电源相连接时，应重点检查输入电源的电压和相序。（　　）

21. 通过对木质、塑料、黏土或石膏制的模型或实物的测量，得到加工面几何形状的各项参数，经过实物程序软件系统的处理，可获得编程所需的数据。（　　）

22. 一般中小型数控机床无需做单独的地基，只需在硬化好的地面上采用活动垫铁稳定机床床身，用支撑件调整机床的水平。（　　）

23. 接通数控系统电源后，再正常运转油泵。（　　）

24. 国内外的电器标准一致，因此无需单独配置电源或变压器。（　　）

**四、简答题**

1. 简述滚珠丝杠螺母的装配步骤。

2. 机床维修拆卸前应做好的主要准备工作有哪些?

3. 数控机床拆箱要注意什么?

4. 数控机床安装、调试过程有哪些工作内容?

5. 机床通电操作的两种方式是什么?在通电试车时为以防万一,应做好什么准备?

## 第二节 数控机床精度检验与调整

**一、填空题(请将正确答案填写在横线上)**

1. 定位精度主要检测内容有________定位精度、________定位精度、________的返回精度、直线运动______的测定。

2. 定位精度检测工具有______、_______、标准长度刻线尺、光学读数显微镜和________等。

3. 机床的几何精度在____和____时是有区别的。

4. 机床自运行考验的时间,国家标准 GB/T 9061—2006 中规定,数控车床为____h,

加工中心为______h，都要求________运转。

5. 数控功能的检验，除了用手动操作或自动运行来检验数控功能的有无以外，更重要的是检验其__________和__________。

6. 对于在数控机床上加工的形状复杂的零件，当其形状难于建立数学模型使程序编制困难时，常常可以借助于__________。

7. 数控机床几何精度的检测应按国家标准规定，在机床________状态下进行。即接通电源以后，将机床各移动坐标________________，主轴以________转速运转十几分钟后再检测。

8. 定位精度的检验，一般精度标准方面规定了三项，分别为_____________、__________________、______________。

9. 工作精度是指机床的____________受机床几何精度、________、________等因素影响。

10. 数控机床自动功能试验时各交换工作台应不少于______次自动交换。

**二、选择题（请将正确答案的代号填入括号内）**

1. 加工中心主轴轴线和 $Z$ 轴运动间的平行度（$Y$—$Z$ 垂直平面内）允差为（　　）。

A. 0.005 mm/300 mm　　B. 0.015 mm/300 mm

C. 0.05 mm/300 mm

2. 手动对主轴进行锁刀、松刀、吹气、正反转、换挡、准停试验，不少于（　　）次。

A. 5　　B. 10　　C. 20

3. 用数控程序操作机床各部件进行整机连续空运转时间为（　　）h，试验过程中机床运转应正常、平稳、可靠，不应发生故障。

A. 24　　B. 36　　C. 48

4. 加工中心的自动换刀检验，刀库中各刀位上的刀具不少于（　　）次自动换刀。

A. 2　　B. 5　　C. 10

5. 数控机床切削精度检验（　　），对机床几何精度和定位精度的一项综合检验。

A. 又称静态精度检验，是在切削加工条件下

B. 又称动态精度检验，是在空载条件下

C. 又称动态精度检验，是在切削加工条件下

D. 又称静态精度检验，是在空载条件下

6. 数控机床的直线运动定位精度是在（　　）条件下测量的。

A. 低温不加电　　B. 空载　　C. 满载空转　　D. 高温满载

7. 机械上常在防护装置上设置为检修用的可开启的活动门，应使活动门不关闭机器就不能开动；在机器运转时，活动门一打开机器就停止运转，这种功能称为（　　）。

A. 安全联锁　　B. 安全屏蔽　　C. 安全障碍　　D. 密封保护

8. 测量仪器简称量仪，铣床常用的量仪是利用机械、光学、气动、机械数字电子转换或其他原理将长度单位（　　）的测量工具。

A. 提高精度　　B. 转换方式　　C. 放大或细分　　D. 缩小

9. 卧式铣床工作台横向导轨镶条松动，会影响（　　）。

A. 主轴旋转轴线对工作台面的平行度

B. 主轴旋转轴线对工作台横向移动的平行度

C. 主轴旋转轴线对工作台面的垂直度

D. 主轴旋转轴线对工作台纵向移动的平行度

10. 用游标卡尺测量孔的中心距，此测量方法为（　　）。

A. 直接测量　　B. 间接测量　　C. 绝对测量　　D. 比较测量

11. 数控机床上有一个机械原点，该点到机床坐标零点在进给坐标轴方向上的距离可以在机床出厂时设定，该点称为（　　）。

A. 工件零点　　B. 机床零点　　C. 机床参考点

12. 数控机床的位置精度主要指标有（　　）。

A. 定位精度和重复定位精度　　B. 分辨率和脉冲当量

C. 主轴回转精度　　D. 几何精度

13.（　　）是指数控机床工作台等移动部件在确定的终点所达到的实际位置精度，即移动部件实际位置与理论位置之间的误差。

A. 定位精度　　B. 重复定位精度　　C. 加工精度　　D. 分度精度

14. 测量工作台定位精度时应使用（　　）。

A. 激光干涉仪　　B. 百分表　　C. 千分尺　　D. 游标卡尺

15. 车床主轴轴线有轴向窜动时，对车削（　　）精度影响较大。

A. 外圆表面　　B. 丝杠螺距　　C. 内孔表面

16. 车床主轴在转动时若有一定的径向圆跳动，则工件加工后会产生（　　）误差。

A. 垂直度　　B. 同轴度　　C. 斜度　　D. 表面粗糙度

17. 检查数控机床几何精度时首先应该进行（　　）。

A. 连续空运行试验　　B. 安装水平的检查与调整

C. 数控系统功能试验

18. 检测定位精度的环境温度在（　　）℃之间。

A. 5～35　　B. 15～45　　C. 15～25　　D. 没有要求

**三、判断题（正确的画“√”，错误的画“×”）**

1. 加工中心的主轴精度只需检验其径向圆跳动。（　　）

2. 验收数控机床时，要对机床进行各种功能试验，如直线插补，圆弧插补，铣、钻、镗、铰和攻螺纹加工循环，冷却、排屑、冲洗等。（　　）

3. 数控机床在手动和自动运行中，一旦发现异常情况，应立即使用紧急停止按钮。（　　）

4. 有一定机床安装经验的技工，可凭经验完成数控机床的安装与调试工作。（　　）

5. 检验数控车床主轴轴线与尾座锥孔轴线等高情况时，通常只允许尾座锥孔轴线稍低。（　　）

6. 数控机床性能的检验与普通机床基本一样，主要是通过“耳闻目睹”和试运转来进行。（　　）

7. 数控车床车削端面的平面度允许中凸。（　　）

8. 数控车床加工的切削精度检验，可以是单项加工，也可以是综合加工。（　　）

9. 机床的几何精度在冷态和热态时是有区别的。（　　）

## 四、简答题

1. 什么是失动量？什么是工作精度？

2. 数控车床的检验项目有哪些？

3. 数控车床的零点怎样调整？

4. 定位精度的主要检测内容有哪些？

5. 数控功能检验的主要内容有哪些？怎样检验？

6. 为什么说机床的定位精度是一项很重要的检测内容？

7. 说明图示检验的内容，并简述检验精度及误差的调整方法。

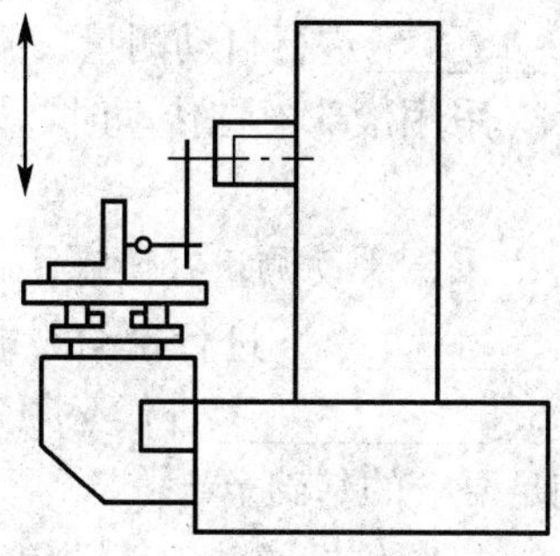

8. 说明图示检验的内容，并简述检验精度及误差的调整方法。

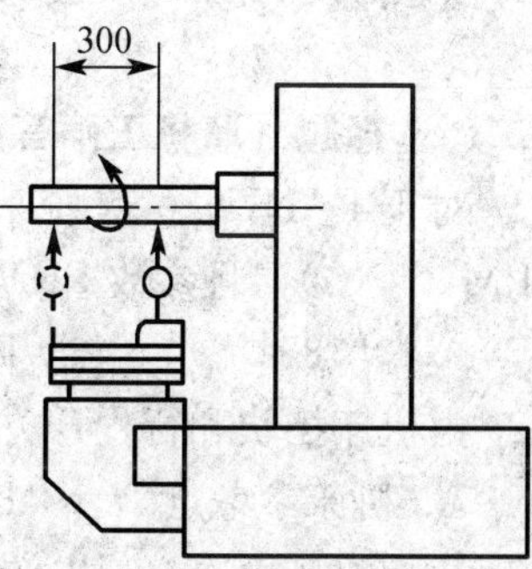

## 第三节　数控机床位置精度补偿

**一、填空题（请将正确答案填写在横线上）**

1. ＿＿＿＿＿＿的存在会影响半闭环伺服系统机床的＿＿＿＿＿精度和＿＿＿＿＿＿精度，特别容易出现过象限切削过渡偏差，造成圆度不够或出现刀痕等现象。

2. 反向偏差可以用＿＿＿＿＿＿＿＿＿＿进行简单测量，也可以用＿＿＿＿＿＿＿＿或＿＿＿＿＿进行自动测量。

3. 采用滚珠丝杠传动时，位置精度的补偿主要有＿＿＿＿＿＿补偿和＿＿＿＿＿＿补偿。

4. 采用手动测量补偿螺距误差，其工作量大、效率低、出错率高，所以目前一般均采用＿＿＿＿＿＿＿进行自动测量与补偿。

5. ＿＿＿＿＿＿补偿必须建立在机床母机/光机（机械结构）的定位精度或重复定位精度满足要求的基础上。

6. 机床母机的基础精度包括＿＿＿＿＿、＿＿＿＿＿＿＿、＿＿＿＿＿、台面等的精度。

7. ＿＿＿＿＿＿＿可以检测直线度、垂直度、俯仰与偏摆、平面度、平行度等几何精度。

8. ＿＿＿＿＿可以快速找出并分析机床的问题所在，主要可以检查反向差、反向间隙、伺服增益、垂直度、直线度、周期误差等性能。

9. 对于分度装置的检测应在＿＿＿、＿＿＿、＿＿＿、＿＿＿4 个主要位置进行。若机床允许任意分度，除 4 个主要位置外，可任意选择＿＿＿个位置进行。正、负方向循环检测＿＿＿次。

**二、选择题（请将正确答案的代号填入括号内）**

1. 对于 FANUC 0i 系统来说，切削进给补偿参数为 PRM（　　）；快速进给补偿参数为 PRM（　　），且参数 PRM＃1800.4（RBK）为 1 时有效。

A. ＃1851　　B. ＃1852　　C. ＃1853　　D. ＃1854

2. 由机床挡块和行程开关决定的坐标位置称为（　　）。

A. 机床参考点　　B. 机床原点　　C. 机床换刀点　　D. 刀架参考点

3. 数控机床每次接通电源后，在运行前首先要做的是（　　）。

A. 给机床各部分加润滑油　　B. 检查刀具是否安装正确

C. 机床各坐标轴回参考点　　D. 检查工件是否安装正确

4. 数控机床电气柜的空气交换部件应（　　）清除积尘，以免温升过高产生故障。

A. 每日　　B. 每周　　C. 每季度　　D. 每年

5. 新机床的失动量的补偿量一般在（　　）mm 范围内是合理的。

A. 0.02～0.03　　B. 0.1～0.12　　C. 0.2～0.3　　D. 0.5～0.6

6. 数控机床的失动量影响机床的（　　）。

A. 加工精度　　B. 表面粗糙度　　C. 定位精度和重复定位精度

三、判断题（正确的画“√”，错误的画“×”）

1. FANUC 0i 系统进行反向偏差分类补偿的目的是为了提高定位精度。（　）

2. 螺距误差补偿对开环控制系统和半闭环控制系统具有显著的效果，可明显提高系统的定位精度和重复定位精度。（　）

3. 用激光干涉仪补偿前，必须清除机床数控系统各轴反向间隙和螺距误差原补偿参数值。（　）

4. RS-232 主要用于程序的自动输入。（　）

5. 由存储单元在加工前存放最大允许加工范围，而当加工到约定尺寸时数控系统能够自动停止，这种功能称为软件型行程限位。（　）

6. 数控机床的失动量影响零件的加工精度。（　）

四、简答题

1. 什么是反向偏差？反向偏差的检验步骤包括哪些？

2. 什么是螺距误差？应如何补偿？

3. 数控机床安装调试时进行参数设定的目的是什么？

4. 编写加工中心 $Y$ 轴反向偏差补偿程序。

5. 用立铣刀在数控铣床上加工外圆表面，要求铣刀从外圆切向进刀，再从外圆切向出刀，铣圆过程连续不中断。测量所加工的零件时，假定出现下图所示三种情况的误差，试分析产生误差的原因和应采取的措施。

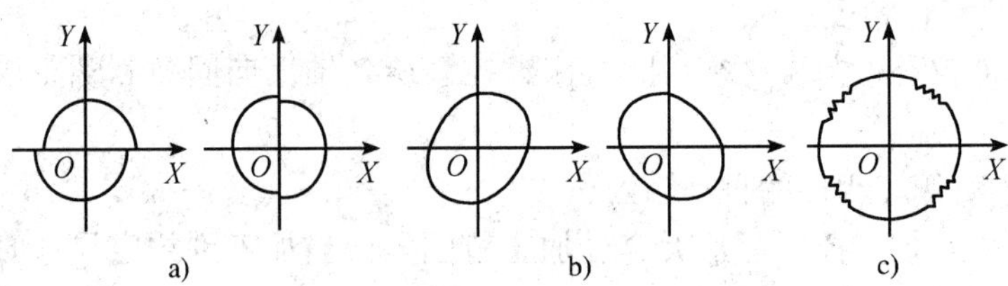


圆铣削精度分析

a）两半圆错位　b）斜椭圆　c）锯齿形条纹